우리 숲 야생버섯

우리 숲
야생버섯

초판인쇄 | 2017년 10월 16일
초판발행 | 2017년 10월 20일

지 은 이 | 석순자·오득실
펴 낸 이 | 고명흠
펴 낸 곳 | 푸른행복

출판등록 | 2010년 1월 22일 제312-2010-000007호
주　　소 | 경기도 고양시 덕양구 통일로 140(동산동)
　　　　　삼송테크노밸리 B동 329호
전　　화 | (02)3216-8401 / FAX (02)3216-8404
E-MAIL | munyei21@hanmail.net
홈페이지 | www.munyei.com

ISBN 979-11-5637-075-8 (13400)

※ 잘못된 책은 바꾸어 드리겠습니다.

※ 이 도서의 국립중앙도서관 출판예정도서목록(CIP)은 서지정보유통지원시스템 홈페이지
　(http://seoji.nl.go.kr)와 국가자료공동목록시스템(http://www.nl.go.kr/kolisnet)에서 이
　용하실 수 있습니다.(CIP제어번호: CIP2017025586)

우리 숲
야생버섯

석순자 · 오득실 共著

푸른행복

머리말
Preface

    계절이 바뀔 때마다 우리는 아주 가까이에서 다양한 생명들의 숨결을 느끼고, 또 그 속에서 삶의 여유를 찾곤 합니다. 이런 생명 활동이 가장 왕성하고 건강하게 이루어지는 곳이 바로 인적이 드문 숲속이 아닐까 생각합니다. 그래서인지 건강을 찾으려는 사람들의 발길은 크고 작은 숲으로 이어지고 있으며, 숲길을 걸으면서 다양한 버섯들을 만나게 되고 관심을 가지게 됩니다.

    흔히 '숲의 청소부'라 불리는 버섯은 세포에 엽록소가 없어 광합성을 하지 못하기 때문에 다른 생물체나 사체로부터 양분을 얻어 생활합니다. 그늘진 곳의 나무줄기나 고사한 나무둥치 또는 낙엽 더미에서 양분을 얻어 살아가면서 동시에 유기물의 양분들을 분해하여 토양으로 다시 돌려보내는 분해자의 역할을 합니다.

    생태계를 보면, 버섯을 포함한 미생물들은 식물에 이산화탄소와 수분을 제공하고, 생산자로서의 식물은 여기에 햇빛을 더해 광합성 작용으로 포도당을 만들고, 이러한 식물은 동물의 먹이가 되고, 동물들은 죽어서 버섯을 포함한 미생물에 의해 분해되어 무기물로 돌아갑니다. 그리고 이것은 다시 식물의 무기영양소로 공급되는 것입니다. 그리고 보면, 버섯은 분해자로서뿐만 아니라 재활용자와 생산자의 역할까지 기쁜히 해내고 있는, 없어서는 안 될 숲 생태계의 연결고리입니다.

    이처럼 버섯은 숲의 평화와 우리의 건강을 지켜주는 미래의 자원으로서 무한한 잠재력이 있는 생명체입니다. 버섯이 인체에 영향을 미치는 효능 중 항암 기능과 혈중 콜레스테롤 감소 기능은 성인병 치료와 예방에 도움을 주는 것으로 널리 알려져, 바야흐로 버섯은 현대인들의 건강 필수 식재료가 되었습니다.

그런데 버섯에 대한 관심도가 높아지는 것에 비해, 정작 그것의 정보는 부정확하고 부족한 것이 현실입니다. 식용버섯과 독버섯에 관한 정확한 정보나 지식 없이 무분별하게 채취하여 식용하거나 일반에 알려진 잘못된 상식으로 인해 독버섯 중독 또는 사망사고가 늘고 있습니다. 특히 장마철에는 야생버섯이 급증하는 시기이므로, 버섯의 채취와 섭취 시에는 반드시 독버섯 여부를 정확하게 확인하고 거듭 주의해야 합니다.

이 책은 우리 숲에서 만날 수 있는 100가지 버섯들을 망라하여, 독자들이 야생에서 채취한 버섯에 관한 정확한 정보를 한눈에 볼 수 있도록 구성한 것입니다. 야생버섯에 관심이 많은 일반인들을 비롯해 관련 종사자들에게 이 책이 버섯에 관한 기초를 다지는 야생버섯 길잡이가 되기를 기대합니다.

2017년 10월
지은이 씀

- 머리말 • 4
- 일러두기 • 14
- 버섯의 일반적인 특성 • 15

우리 숲 야생버섯
ㄱ

가는대남방그물버섯 • 20

가는유충포식동충하초 • 22

가랑잎꽃애기버섯 • 24

갈변흰무당버섯 • 26

갈색고리갓버섯 • 28

갈색꽃구름버섯 • 30

검은띠말똥버섯 • 32

고깔갈색먹물버섯
(고깔먹물버섯) · 34

고동색광대버섯
(고동색우산버섯) · 36

과립여우갓버섯 · 38

구름송편버섯(구름버섯) · 40

균핵꼬리버섯 · 42

기와버섯 · 44

긴골광대버섯아재비 · 46

긴꼬리버섯 · 48

긴대밤그물버섯 · 50

긴뿌리포식동충하초 · 52

꽃버섯 · 54

꽃송이버섯 · 56

꾀꼬리버섯 · 58

끝검은뱀버섯 · 60

우리 숲 야생버섯

ㄴ

나방꽃동충하초 · 62

냉이무당버섯(개칭) • 64

넓은큰솔버섯
(넓은주름긴뿌리버섯) • 66

노란각시버섯 • 68

노란개암버섯 • 70

노란길민그물버섯 • 72

노란난버섯 • 74

노란달걀버섯 • 76

노란대주름버섯 • 78

노란젖버섯 • 80

노란턱돌버섯 • 82

노루귀버섯 • 84

노린재포식동충하초 • 86

우리 숲 야생버섯
ㄷ

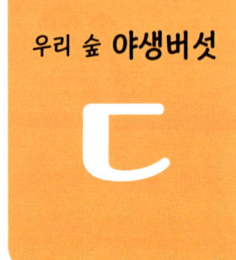
달걀버섯 • 88

당귀땅콩버섯(개칭) • 90

대공그물버섯
(신칭, 이명: 산그물버섯) • 92

댕구알버섯 • 94

등색가시비녀버섯 • 96

때죽조개껍질버섯 • 98

우리 숲 야생버섯
ㅁ

마귀광대버섯 • 100

말불버섯 • 102

말징버섯 • 104

맑은애주름버섯 • 106

먼지버섯 • 108

목도리방귀버섯 • 110

목이 • 112

밀꽃애기버섯 • 114

우리 숲 야생버섯
ㅂ

배젖버섯 • 116

뱀껍질광대버섯 • 118

9

불로초(상품명: 영지) • 120

붉은꼭지외대버섯 • 122

비단털깔때기버섯 • 124

비탈광대버섯 • 126

우리 숲 야생버섯 ㅅ

삼색도장버섯 • 128

삿갓땀버섯 • 130

삿갓외대버섯 • 132

색시졸각버섯 • 134

세발버섯 • 136

수원그물버섯 • 138

우리 숲 야생버섯 ㅇ

아까시흰구멍버섯 • 140

애기볏짚버섯 • 142

애우산광대버섯 • 144

오디균핵버섯 • 146

원반버섯 • 148

이끼버섯 • 150

우리 숲 야생버섯
ㅈ

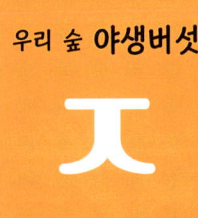
자주국수버섯 • 152

자주방망이버섯아재비 • 154

자주색줄낙엽버섯 • 156

자주졸각버섯 • 158

작은테젖버섯 • 160

적갈색애주름버섯 • 162

점박이광대버섯 • 164

점박이어리알버섯 • 166

젖비단그물버섯 • 168

조개껍질버섯 • 170

족제비눈물버섯 • 172

11

좀노란밤그물버섯 • 174

좀벌집구멍장이버섯 • 176

주홍여우갓버섯 • 178

진갈색주름버섯 • 180

우리 숲 야생버섯
ㅊ

참낭피버섯 • 182

치마버섯 • 184

우리 숲 야생버섯
ㅋ

콩버섯 • 186

큰낙엽버섯 • 188

큰눈물버섯 • 190

큰주머니광대버섯 • 192

우리 숲 야생버섯
ㅌ

턱받이광대버섯 • 194

털구멍장이버섯 • 196

털귀신그물버섯 • 198

털목이 • 200

털작은입술잔버섯 • 202

톱니겨우살이버섯 • 204

우리 숲 야생버섯
ㅍ

팽나무버섯(팽이) • 206

우리 숲 야생버섯
ㅎ

혹깔때기버섯 • 208

황갈색먹물버섯
(노랑먹물버섯) • 210

회색두엄먹물버섯
(두엄먹물버섯) • 212

흙무당버섯 • 214

흰가시광대버섯 • 216

흰애주름버섯 • 218

— 부 록 —
- 버섯 구조에 관한 용어 • 222
- 용어 설명 • 226
- 국명 찾아보기 • 234
- 학명 찾아보기 • 236
- 참고문헌 • 239

일러두기

- 본문은 버섯 한국명의 가나다순으로 구성되어 있다.
- 버섯 항목마다 학명, 형태적 특징, 발생 시기 및 장소, 식용 가능 여부, 분포, 참고할 내용을 최대한 수록하고 있다.
- 버섯명은 식용, 약용, 독, 불명 버섯의 4가지로 구분하여 색으로 표시하였다.
- 버섯 사진은 생장과정에 따라 변화가 심하여 식별하기가 어려운 점을 감안하여 되도록 다양한 형태의 사진을 수록하고자 하였으며, 갓 위 또는 자실층을 위주로 촬영한 사진과 갓 밑부분에서 촬영한 사진을 각각 수록하도록 노력하였다.
- 어려운 과학 용어나 한자어는 가능한 한 쉬운 우리말로 풀어 쉽게 설명하고자 하였다.
- 부록에는 버섯 구조에 관한 용어 및 용어 설명 등을 여러 자료집에서 발취하여 수록하였다.
- 분류체계는 Index fungorum에서 정리한 웹 DB를 기준으로 정리하였다. 학명은 웹 DB에서 정명으로 정한 것을 인용하였다. 한국명은 한국균학회에서 발간한 한국의 버섯 목록(2013)을 인용하였으며 속명, 과명 등이 잘못되었거나 없는 그룹은 신칭 또는 개칭을 하였다.

버섯의 일반적인 특성

● 균류의 특성

균류(Fungi)는 진핵생물의 하나로, 효모와 곰팡이, 버섯 등이 포함되며, 진균류라고 부르기도 한다. 균류 세포는 핵막이 있으며 일반적으로 세포벽이 식물과 달리 키틴으로 구성되어 있고, 엽록소 등과 같은 동화색소가 없는 점이 특징이다. 따라서 고등식물처럼 광합성을 하여 스스로 양분을 만들지 못하므로 다른 생물체나 유기물에 붙어서 기생 또는 부생을 한다. 주로 동·식물이 만든 유기물에 의존하여 영양을 섭취하는 형태로 살아간다. 이런 균류는 생태계 내에서 초본과 목본류의 리그닌과 셀룰로즈를 분해하고 대기 중으로 이산화탄소와 물을 내보낸다. 이들의 생활사는 유성포자가 발아하여, 기질 내에서 생장 상태를 거쳐 다시 원래의 포자 형성을 하는 과정을 말하는데 반드시 규칙적인 생활사를 거치지는 않는다. 포자는 운동성이 없으므로 바람이나 비, 곤충의 소화기에 의하여 전파된다. 포자는 단시간에 많은 양의 포자를 형성하고 공중·수중·땅속 등 어느 곳에나 부착한 후 환경 조건이 알맞으면 발아하여 균사를 뻗어 살아간다. 균

〈헌구두솔버섯의 균사체〉

〈자갈버섯의 자실체〉

〈버섯의 발생장소〉

류 중 버섯(Mushroom)은 곰팡이의 번식체인 유성포자를 가지는 자실체를 말한다. 즉 균류 중에서 영양생장세대에 균사체(hyphae)로 살아가다가 생식생장세대(유성세대)에서 자실체(버섯)를 만드는 곰팡이를 버섯이라고 부른다. 그래서 버섯은 나무에 달린 사과와 유사하다. 버섯 균사체는 다양한 기질에서 살아간다. 균사체는 기질의 유기물(섬유소, 리그닌 등)을 분해하는 효소를 내어 가용성 영양분을 만들고 이들을 균사체의 성장에 이용한다. 균사체는 습도, 온도, 산도, C/N율 등 다양한 환경 요소가 적합한 상태로 유지되면 기질 내에서 지속적으로 성장한다. 특히 흙에서 성장하는 균사체를 토질성(terrestrial), 나무에서 성장하는 균사체를 호목재성(lignicolous), 분변에서 성장하는 균사체를 분서식성(coprophilous), 다른 버섯 위에서 성장하는 균사체를 버섯기생성(fungicolous)으로 구분한다. 버섯이 잘 자라는 환경 요인은 각각의 버섯 종별로 차이가 있으나 대부분 인공재배가 가능한 버섯류는 특정나무와 연관 지어 찾을 수 있다. 그리고 일부 버섯의 균사체는 균근성(mycorrhizal)이라 불리며 살아있는 나무의 뿌리와 공생 관계를 형성하는 것들도 많이 알려져 있다.

● 생활사

균사체(①~④, mycelia)는 성장 과정에서 다양한 물리적, 화학적, 생물학적, 영양학적 변화로 번식단계인 자실체(⑤, fruiting body)를 형성한다. 그리고 자실체에서 만들어진 유성포자는 적합한 기질로 낙하하여 두 종류의 균사체로 발아한다. 이들 균사체는 단핵균사체라 부르며 외관상으로는 유사하지만 각각 다른 핵의 성질을 가진다. 그 중 하나는 플러스(+), 다른 하나는 마이너스(-) 계통이다. 각각 다른 핵을 가진 1차균사(primary mycelia)가 결합하여 두 종류의 세포핵을 갖는 2차균사를 형성한다. 2차균사는 기질 속에 원기(primordium)를 형성하고 환경 요인에 따라 1~3주 후에 균사의 집합체인 어린자실체(button)형태로 성장한다. 알 모양의 어린자실체는 갓과 대로 성장을 해서 성숙한 자실체가 된다. 외피막(Universal veil)은 어린버섯(button)을 완전히 덮는 막이고 성장하면 대주

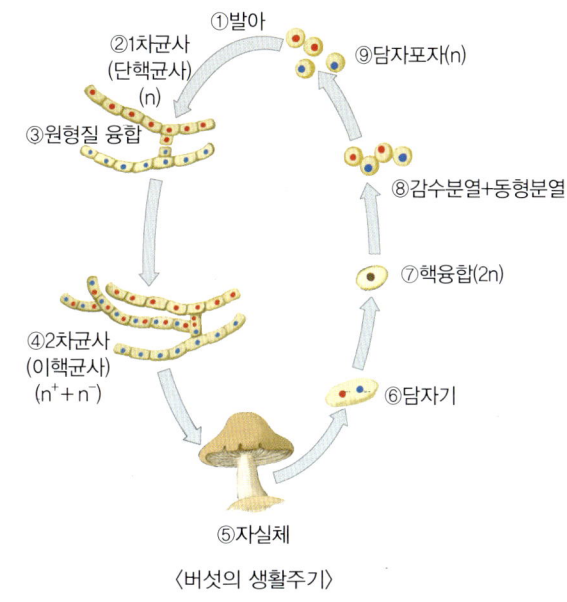

〈버섯의 생활주기〉

머니와 갓 표면의 인편이나 돌기로 남게 된다. 자실층(포자형성층)은 주름살과 관공 등으로 성장한 후 포자를 산출하는 조직이다. 내피막(partial veil, annulus)은 자실층을 보호하는 막이며, 대가 땅에서 위쪽으로 길어지면 성숙포자를 비산하기 위해 갓에서 떨어져 대

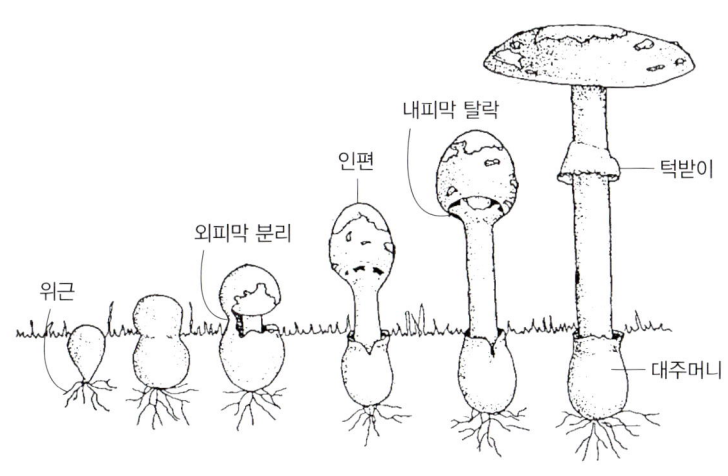

〈광대버섯의 성장단계〉

부분 대의 상부에 위치한다. 그래서 내피막의 흔적을 턱받이라 부른다.

● 식용버섯과 독버섯의 구별법

식용버섯과 독버섯의 구별법은 따로 있는 것이 아니다. 버섯도 다른 생물과 마찬가지로 형태적인 특성에 의해 종(species)을 구분한 후 국내·외 발표된 문헌을 통하여 식용버섯과 독버섯의 여부를 판단하고 있다. 특히 버섯은 현미경으로 관찰해야 하는 미세구조의 특성이 종을 결정하는 주요인이 되는 경우가 많으므로 항상 정확한 종 동정을 위해서는 미세구조를 확인할 수 있는 표본을 보관한 후 버섯의 이름을 확인할 수 있는 전문기관을 방문하여 종 구분을 해야 한다. 버섯의 일반적인 외형은 버섯의 형태(p.222)와 같으나, 일부 버섯들은 전혀 다른 모양을 나타내기도 한다.

일반인이 버섯의 색깔과 모양, 벌레가 먹는 것의 유무, 찢어지는 양상 등으로 식용버섯과 독버섯을 구분할 수 있다는 오류를 범하고 있기 때문에 가끔씩 독버섯 중독사고가 발생하고 있다. 한국인이 흔히 접하는 식용버섯의 종류와 유사한 독버섯들이 많으므로 야생에서 버섯을 채취하는 경우에는 반드시 주의해야 한다. **잘못 알려진 식용버섯과 독버섯의 구별법은 아래와 같다.** 근거없는 내용이므로 식용·독버섯 판별에 이용하면 안 된다.

식용버섯	독버섯
● 색이 화려하지 않고 원색이 아닌 것	● 색이 화려하거나 원색인 것
● 세로로 잘 찢어지는 것	● 세로로 잘 찢어지지 않는 것
● 유액이 있는 것	● 대에 띠가 없는 것
● 대에 띠가 있는 것	● 벌레가 먹지 않은 것
● 곤충이나 벌레가 먹은 것	● 요리에 넣은 은수저가 변색되는 것
● 요리에 넣은 은수저가 변색되지 않는 것	● 가지나 들기름을 넣으면 독성이 없어진다는 생각

잘못 알려진 식용버섯과 독버섯의 구별법

우리 숲
야생버섯

▲ 함몰된 관공형

가는대남방그물버섯

Austroboletus gracilis (Peck) Wolfe

분류체계

담자균문(Basidiomycota) 주름버섯강(Agaricomycetes) 그물버섯목(Boletales) 그물버섯과(Boletaceae) 남방그물버섯속(Austroboletus)

형태적 특징: 가는대남방그물버섯의 갓은 크기가 3.5~5.5㎝이고, 모양은 반구형 또는 쿠션 모양이며, 표면은 젖으면 약간 점성을 띠며, 유융모상이고 가늘게 갈라져 있으며, 약간 망상으로 되어 있고 색은 갈색이나, 옅은 황갈색 또는 오렌지갈색이다. 조직은 보통(0.5~1.5㎝) 두께에 부드럽고 희거나 옅은 분홍색이고, 상처를 입어도 변하지 않으며 냄새는 약간 있고 맛은 다소 쓰다. 관공은 대 주위가 함몰되어 떨어진 관공형이고, 길이가 0.5~0.9㎝이며, 초기에는 흰색이나 성장하면 옅은 포도색깔로 되며

상처를 입어도 변하지 않는다. 관공구는 원형 또는 유각형으로 작고 관공과 같은 색이며 0.1㎝당 1~3개이다. 대는 크기가 5~9㎝이며 두꺼운 기부로부터 위쪽으로 가늘어지며 표면은 아주 부드러운 융모상이며 세로로 유망상이고 갓보다 약간 흐리거나 같은 색을 띤다. 기부는 대개 균사체로 흰색이며 중실이다.

포자문은 분홍갈색이고, 포자 모양은 유타원형 또는 유방추형이고, 표면은 미세하고 잘게 갈라지거나 매끄러우며, 포자반 홈과 배쪽 돌출부에 의해서 다소 비대칭이다.

: **발생 시기 및 장소** : 여름부터 가을까지 소나무림과 참나무림 등의 부식토에 홀로 발생한다.

: **식용 가능 여부** : 식용버섯

: **분포** : 한국, 일본, 중국, 북아메리카

: **참고** : 본 종은 포자 표면이 미세하고 잘게 갈라지거나 매끄러운 포자를 가지며, 갓의 색깔이 갈황색이고, 융모 모양 벨벳이며, 표면에 종선이 있는 대를 갖는다는 점이 특징이다.

1. 융모상 갓 2. 망상형의 표면을 가진 대 3. 분홍색의 관공

▲ 지상부의 옅은 황갈색 자좌

가는유충포식동충하초

Ophiocordyceps gracilioides (Kobayasi) G.H. Sung, J.M. Sung, Hywel-Jones & Spatafora

분류체계

자낭균문(Ascomycota) 동충하초강(Sordariomycetes) 동충하초목(Hypocreales) 잠자리동충하초과(Ophiocordycipitaceae) 포식동충하초속(Ophiocordyceps)

｜형태적 특징｜ 가는유충포식동충하초의 자실체는 나비 또는 나방 종류의 유충의 머리 부위 또는 복부에 일반적으로 1~2개의 솜방망이 모양의 자실체가 발생한다. 지상부의 자좌(stroma)는 길이가 3.5~6.4㎝로 원통형이고, 두부는 직경이 0.5~0.6㎝로 구형 또는 난형이고, 대의 상단 부위에 있으며, 옅은 황갈색을 띤다. 대는 크기가 3~5.5㎝로 원통형이며, 평활하고, 백색, 옅은 등황색 또는 옅은 황토색을 띠며, 두부와의 경계가 분명하고, 기부는 기주에 직접 부착하여 있다. 피층은 울타리조직형이다. 자낭

▲ 솜방망이형의 자실체

각(perithecia)은 완전매몰형이며, 목이 가늘고 긴 병모양이다.

: **발생 시기 및 장소** : 나방이류의 유충의 머리, 복부 또는 하복부에 발생한다.

: **식용 가능 여부** : 약용버섯

: **분포** : 한국, 일본

1. 유충에서 발생한 솜방망이 모양의 자실체 2. 유충에 부착된 위아래 굵기가 유사한 원통형의 대

▲ 흩어져 발생한 자실체

가랑잎꽃애기버섯

Gymnopus peronatus (Bolton) Gray

분류체계

담자균문(Basidiomycota) 주름버섯강(Agaricomycetes) 주름버섯목(Agaricales) 화경버섯과(Omphalotaceae) 꽃애기버섯속(Gymnopus)

형태적 특징: 가랑잎꽃애기버섯 갓의 지름은 1.2~4㎝ 정도이며, 처음에는 반구형이나 성장하면서 편평형이 되고, 나중에는 가운데가 들어간다. 갓 표면은 습할 때 가장자리로 방사상의 선이 보이고, 황갈색 또는 암갈색이다. 조직은 얇고 질기며 매운맛이 난다. 주름살은 끝붙은주름살형 또는 완전붙은주름살형이며 성글고 연한 황색 또는 연한 갈색이다. 대는 2~6㎝ 정도이며, 원통형으로 위아래 굵기가 비슷하고, 표면은 연한 황갈색을 띠며, 아래쪽에는 연한 황색의 털이 빽빽하게 나 있다. 포자문은 백

색이며, 포자 모양은 긴 타원형이다.

발생 시기 및 장소 : 여름부터 가을까지 낙엽이 많이 부식된 땅 위에 무리지어 발생하며 낙엽분해성 버섯이다.

식용 가능 여부 : 불명

분포 : 한국, 일본, 중국, 북반구 일대, 오스트레일리아, 유럽

▲ 성근 주름살

▲ 갓 표면의 방사상 선

▲ 오목반반구형의 백색 갓

갈변흰무당버섯

Russula japonica Hongo

분류체계

담자균문(Basidiomycota) 주름버섯강(Agaricomycetes) 무당버섯목(Russulales) 무당버섯과(Russulaceae) 무당버섯속(Russula)

형태적 특징: 갈변흰무당버섯의 갓은 지름이 8~20㎝ 정도로 처음에는 반구형이나 성장하면서 가운데가 오목한 반구형에서 깔때기형으로 된다. 갓 표면은 백색을 띠다가 연한 갈색으로 변하며, 매끄럽다. 조직은 백색이고, 두꺼우며 단단하다. 주름살은 끝붙은주름살형이고, 아주 빽빽하고 초기에는 백색이나 성장하면서 연한 황색 또는 황갈색이 된다. 대의 길이는 3~6㎝ 정도이고, 짧고 뭉툭하며, 위아래 굵기가 비슷하거나 아래쪽이 다소 가늘고 백색이다. 포자문은 연한 황색이고, 포자 모양은 난형이다.

: **발생 시기 및 장소** : 여름부터 가을까지 활엽수림 내 낙엽이 쌓인 땅 위에 무리지어 나거나 흩어져서 발생하는 외생균근성 버섯이다.

: **식용 가능 여부** : 독성분은 알려져 있지 않으나 체질에 따라 중독되는 경우가 있어 주의를 요하는 버섯이다.

: **분포** : 한국, 일본, 중국, 유럽

1. 갓 표면이 갈색으로 변색   2. 초기의 크림색 갓   3. 빽빽한 주름살

▲ 고리 모양의 턱받이

갈색고리갓버섯

Lepiota cristata (Bolton) P. Kumm.

분류체계
담자균문(Basidiomycota) 주름버섯강(Agaricomycetes) 주름버섯목(Agaricales) 광대버섯과(Amanitaceae) 갓버섯속(Lepiota)

∴ 형태적 특징 : 갈색고리갓버섯의 갓은 지름이 2~7㎝ 정도로 초기에는 종형이나 성장하면서 볼록편평하게 펴진다. 표면은 연한 갈색 또는 적갈색이며, 성장하면 중앙부 이외의 표피가 갈라져 작은 인피를 형성하여 백색 섬유상 바탕 위에 산재하게 된다. 조직은 백색 또는 적갈색이다. 주름살은 끝붙은주름살형이며, 빽빽하고, 백색 또는 연한 황색이다. 대의 길이는 3~5㎝ 정도이며, 위아래 굵기가 비슷하고, 표면은 처음에는 백색이나 점차 연한 홍색으로 변한다. 턱받이는 막질이며, 쉽게 탈락된다. 대의 속은

비어 있다. 포자문은 백색이며, 포자 모양은 마름모꼴의 총알형이다.

: 발생 시기 및 장소 : 여름과 가을에 정원, 잔디밭이나 혼합림 내 습한 땅 위에 홀로 또는 흩어져 발생하며 부생생활을 한다.

: 식용 가능 여부 : 독버섯

: 분포 : 한국 등 전 세계

: 영문명 : Stinking Parasol

1. 원형의 어린 갓　2. 고리 형태의 턱받이　3. 백색의 포자와 주름살

▲ 무리지어 발생하며, 부생생활을 하는 자실체

갈색꽃구름버섯

Stereum ostrea (Blume & T. Nees) Fr.

분류체계

담자균문(Basidiomycota) 주름버섯강(Agaricomycetes) 무당버섯목(Russulales) 꽃구름버섯과(Stereaceae) 꽃구름버섯속(Stereum)

: **형태적 특징** : 갈색꽃구름버섯의 갓은 지름이 1~7㎝, 두께가 0.1~0.2㎝ 정도이며, 매우 얇은 부채형이다. 반배착생으로 기주에 넓게 부착하여 선반형이 된다. 표면은 부드럽고, 회백색 또는 적갈색, 검은갈색 등의 털이 동심원상으로 늘어선 고리 무늬가 있는데, 털이 있는 부분과 털이 없는 부분이 번갈아 있다. 노숙하면 털은 탈락한다. 조직은 단단하고, 질기다. 아랫면의 자실층은 갈색 또는 연한 황갈색이며, 액체를 분비하는 백색의 균사가 있다. 포자문은 백색이고, 포자 모양은 긴 타원형이다.

: **발생 시기 및 장소** : 1년 내내 활엽수의 고목, 부러진 가지, 그루터기 위에 무리지어 발생하며 부생생활을 한다.
: **식용 가능 여부** : 불명
: **분포** : 한국 등 전 세계
: **영문명** : False Turkey-tail

1. 연한 황갈색의 포자 형성층은 관공형을 이룬다. 2. 동심원상의 고리 무늬가 있는 갓 3. 백색의 작은 관공이 있는 자실층

갈색꽃구름버섯 · 31

▲ 갓 끝에 검은색 피가 형성된 반반구형의 자실체

검은띠말똥버섯

Panaeolus subbalteatus (Berk. & Broome) Sacc.

담자균문(Basidiomycota) 주름버섯강(Agaricomycetes) 주름버섯목(Agaricales) 미확정과(Incertae sedis) 말똥버섯속(Panaeolus)

형태적 특징: 검은띠말똥버섯의 갓은 1.5~4.5㎝로 유구형이나 성장하면 반구형, 반반구형 또는 중고편평형으로 된다. 표면은 습할 때 암적갈색을 띠나 건조하면 담황토색 또는 담황토갈색을 띠고, 평활하나 드물게는 갈라져 미세한 인피를 형성한다. 갓 끝은 주름살보다 신장된 갓 깃을 형성하지 않는다. 조직은 얇고 담황색을 띤다. 주름살은 완전붙은주름살이며 약간 빽빽하고, 회색 또는 회백색이나 점차 적갈색 또는 암갈흑색의 반점이 나타나고 전체가 흑색으로 변한다. 주름살날은 백색이고 분질상이

다. 대의 길이는 4.5~8.5㎝로 원통형이며 가늘고 길다. 표면은 유백색 또는 옅은 적갈색을 띠며 백색의 분질물이 덮여 있다. 대 속은 비어 있고 연골질이다. 포자문은 갈흑색 또는 흑색이고, 포자 모양은 레몬형 또는 타원형이며, 분명한 발아공이 있고 포자벽은 두껍다.

발생 시기 및 장소 : 여름과 가을에 목초지의 소나 말의 배변물에서 발생한다. 버섯의 포자가 풀잎에 붙어 있다가 초식동물(말, 소 등)이 풀을 먹으면 초식동물의 장기를 통과하여 나오면서 포자 발아가 시작되기 때문이다. 발생장소는 목장말똥버섯과 거의 동일하나 발생 시기는 다소 늦다.

식용 가능 여부 : 독버섯

분포 : 한국 등 전 세계

참고 : 흙냄새가 나고 식용에 부적합하나 지나치게 먹으면 독성분으로 실로시빈(Psilocybin)을 함유하는 것과 같이 중추신경계 증상이 나타난다. 때로는 마비를 일으키는 등 독성이 높다.

영문명 : belted Panaeolus

1. 검은색 띠가 있는 갓 2. 검은색 포자가 있는 주름살 3. 나팔형의 자실체

▲ 소형 버섯으로 고목 등에 무리지어 발생

고깔갈색먹물버섯(고깔먹물버섯)

Coprinellus disseminatus (Pers.) J. E. Lange [이명: *Coprinus disseminatus* (Fr.) S.F. Gray]

담자균문(Basidiomycota) 주름버섯강(Agaricomycetes) 주름버섯목(Agaricales) 눈물버섯과(Psathyrellaceae) 갈색먹물버섯속(Coprinellus)

: 형태적 특징 : 고깔갈색먹물버섯의 갓은 지름이 1~2㎝ 정도이며, 처음에는 난형이나 성장하면서 종형을 거쳐 편평형이 된다. 갓 표면은 백색이고, 가운데는 연한 홍색 또는 회백색이고, 백색의 인편이 있으며, 가장자리에는 홈선이 있으며, 갓 표면은 완전히 성숙한 후에는 자흑색으로 변하면서 액화하여 없어진다. 조직은 얇고 회백색이다. 주름살은 끝붙은주름살형이며, 성글고, 처음에는 백색이나 성장하면서 자갈색을 띤다. 대의 길이는 1~4㎝ 정도이며, 위아래 굵기가 비슷하며 백색이고, 초기에 백색의

미세한 털로 덮여 있으나 점차 소실된다. 대의 속은 비어 있다. 포자문은 흑갈색이며, 포자 모양은 타원형이다.

:**발생 시기 및 장소**: 봄부터 가을까지 썩은 활엽수의 그루터기, 고목에 뭉쳐서 무리지어 발생한다.

:**식용 가능 여부**: 식용(너무 작아 식용 가치는 없다.)

:**분포**: 한국 등 전 세계

:**참고**: 소형버섯으로 고목 등에 수십, 수백 개가 뭉쳐서 난다.

1. 종형의 갓을 가진 자실체 2. 낙하산처럼 되어 있는 방사상 홈선
3. 포자 형성 시 검게 변하는 주름살 4. 무리지어 발생한 모습

고깔갈색먹물버섯(고깔먹물버섯) • 35

▲ 황갈색을 띤 갓

고동색광대버섯(고동색우산버섯)

Amanita fulva Fr.

분류체계

담자균문(Basidiomycota) 주름버섯강(Agaricomycetes) 주름버섯목(Agaricales) 광대버섯과(Amanitaceae) 광대버섯속(Amanita)

: 형태적 특징 : 고동색광대버섯의 갓은 지름이 4~10㎝ 정도로 종 모양에서 차차 볼록 편평형이 된다. 표면은 적갈색이며 가운데는 짙은 색을 띠고, 습기가 있을 때는 끈적거리며, 외피막의 파편이 붙어 있다. 갓 둘레는 뚜렷한 방사상 홈선이 있고, 조직은 백색이다. 주름살은 백색의 끝붙은주름살형으로 빽빽하다. 대의 길이는 5~15㎝ 정도이며, 위쪽이 약간 가늘고, 속이 비어 있다. 표면에는 때때로 연한 황갈색의 비단 모양 또는 솜털 모양의 인편이 있고, 기부에는 백색의 대주머니가 있다. 포자문은 백색이

며, 포자 모양은 구형이다.

: **발생 시기 및 장소** : 여름에서 가을 사이에 숲 속의 땅에 홀로 나거나 흩어져 발생하며 외생균근성 버섯이다.

: **식용 가능 여부** : 독버섯

: **분포** : 한국, 동아시아, 유럽, 북아메리카, 북아프리카

▲ 중앙부가 볼록형인 갓

1. 백색의 큰 대주머니 2. 갓 끝의 방사상 선 3. 편평형의 갓 4. 매끄러운 대 표면

고동색광대버섯(고동색우산버섯) • 37

▲ 면모상의 갈색 인피

과립여우갓버섯

Leucoagaricus americanus (Peck.) Vellinga

분류체계

담자균문(Basidiomycota) 주름버섯강(Agaricomycetes) 주름버섯목(Agaricales) 주름버섯과(Agaricaceae) 여우갓버섯속(Leucoagaricus)

: **형태적 특징** : 과립여우갓버섯의 갓은 크기가 1.5~3.5㎝이고, 모양은 성장 초기에는 원추형이나 성장하면 종형, 반반구형 또는 중앙볼록편평형이 된다. 표면은 건성이고, 유황색 또는 난황색을 띠고, 면모상의 인피가 있으며, 주변 부위에는 방사상으로 홈선이 있고 부채형이다. 조직은 얇고 막질이며, 황색이다. 맛과 향기는 불분명하며 부드럽다. 주름살은 대에 떨어진주름살이고, 약간 빽빽하며, 폭은 좁고, 유황색 또는 난황색이다. 주름살날은 평활하다. 대는 크기가 3.5~7.5㎝로 원통형이고, 하부는 팽대하

며 역곤봉형이다. 표면은 건성이며 유황색 또는 난황색을 띠고, 평활하거나 분질이 있으며, 다소 종으로 가늘고 미세한 섬유질 또는 면모상이 있다. 대의 속은 비어 있다. 턱받이는 막질이고, 유황색 또는 난황색을 띠며, 조락성이다. 포자 모양은 난형이고, 평활하며, 포자벽은 두껍고, 발아공은 분명하며, 무색이나 이질염색성(metachromatic)이다. 포자문은 백색이다.

발생 시기 및 장소: 여름부터 가을까지 숲 속, 정원, 온실, 화분, 죽림 내의 지상에 홀로 또는 소수 무리지어 발생한다.

식용 가능 여부: 불명

분포: 한국, 일본, 유럽, 북아메리카 등 전 세계적 분포

참고: 본 종은 갓, 주름살, 대는 밝은 유황색 또는 난황색을 띠고, 화분, 온실, 재배사 등 유기질이 풍부한 토양에 발생한다는 점과 포자가 크고 포자벽이 두껍다는 점에서 쉽게 구별된다.

1. 갓 주변부의 방사상 홈선 2. 무리지어 발생 3. 대에 떨어진 주름살 4. 폭은 좁고 약간 빽빽한 주름살

▲ 그루터기에 겹쳐서 무리지어 발생하는 자실체

구름송편버섯(구름버섯)

Trametes versicolor (L.) Lloyd

담자균문(Basidiomycota) 주름버섯강(Agaricomycetes) 구멍장이버섯목(Polyporales) 구멍장이버섯과(Polyporaceae) 송편버섯속(Trametes)

: 형태적 특징 : 구름송편버섯의 갓은 지름이 1~5㎝, 두께는 0.1~0.3㎝ 정도이며, 반원형으로 얇고, 단단한 가죽처럼 질기다. 표면은 흑색 또는 회색, 황갈색 등의 고리 무늬가 있고, 짧은 털로 덮여 있다. 조직은 백색이며, 질기다. 관공은 0.1㎝ 정도이며, 백색 또는 회백색이고, 관공구는 원형이고, 0.1㎝ 사이에 3~5개가 있다. 대는 없고 기주에 부착되어 있다. 포자문은 백색이고, 포자 모양은 원통형이다.

1. 동심원상의 털 **2.** 반원형의 얇은 갓

- **발생 시기 및 장소** : 1년 내내 침엽수, 활엽수의 고목 또는 그루터기에 기왓장처럼 겹쳐서 무리지어 발생하며 부생생활을 한다.
- **식용 가능 여부** : 식용, 약용버섯
- **분포** : 한국 등 전 세계
- **참고** : 버섯 중에서 처음 항암물질인 폴리사카라이드가 발견된 버섯이며, 간염, 기관지염 등에 효능이 있다. 중국에서는 '운지버섯'이라고 부른다.
- **영문명** : Turkey Tail

1. 어린 버섯의 표면에 존재하는 털이 있다. **2.** 백색의 작은 관공

▲ 두부와 이를 받드는 대로 이루어져 있는 자실체

균핵꼬리버섯

Scleromitrula shiraiana (Henn.) S. Imai

자낭균문(Ascomycota) 두건버섯강(Leotiomycetes) 고무버섯목(Helotiales) 자루접시버섯과(Rutstroemiaceae) 균핵꼬리버섯속(Scleromitrula)

: **형태적 특징** : 균핵꼬리버섯의 균핵은 지상에 떨어진 위축된 오디로서, 밑부분은 오목한 모양이고 윗면은 둥글며 흑갈색을 나타내고, 단단하며, 내부에는 균핵꼬리버섯의 균사체가 있다. 1개의 균핵에서 자낭과는 1개 또는 여러 개가 생기고, 두부와 이것을 받드는 대로 이루어져 있다. 두부는 원통형이거나 방추형 또는 장란형이고 선단은 종종 뾰족하며, 표면에는 종으로 가라진 선이 있고 상단부로 가면서 합치하고, 두부 전 표면에 자실층이 형성되어 있다. 대는 6㎝ 내외로 담갈색 또는 갈색을 띠며 기부 쪽

이 다소 가늘고, 균사모가 있다. 자낭은 원통형 또는 곤봉형으로 아래쪽으로 좁아지는 형이며, 정공은 멜저용액반응에 음성을 띠며, 8개의 자낭포자를 만든다.

: **발생 시기 및 장소** : 봄부터 초여름까지 1개의 균핵에서 1개 또는 여러 개의 개체가 생기고 산뽕나무, 뽕나무 주변 숲 속에서 발생된다. 산뽕나무, 뽕나무 오디에 감염되는 병원균성 버섯으로 오디를 미이라로 만든 후에 오디에 자생한다. 처음에 감염된 오디는 과육이 부풀면서 회백색으로 변색되어 팝콘처럼 변한다. 팝콘 형태의 오디는 지상부로 떨어진 후 월동기간 동안 딱딱하고 검은색 균핵으로 변하였다가 월동한 균핵으로부터 방망이 모양의 자낭반이 형성된다.

▲ 미이라형 검은 오디

: **식용 가능 여부** : 불명

: **분포** : 한국, 일본, 중국

▲ 종으로 선이 있는 원통형의 두부

▲ 귀열상으로 갈라진 갓 표피

기와버섯

Russula virescens (Schaeff.) Fr.

담자균문(Basidiomycota) 주름버섯강(Agaricomycetes) 무당버섯목(Russulales) 무당버섯과(Russulaceae) 무당버섯속(Russula)

형태적 특징 : 기와버섯의 갓은 크기가 4.5~13.5㎝로 초기에는 반구형이나 성숙하면 편평형 또는 중앙오목편평형으로 되며, 드물게는 갓 끝이 반전되기도 한다. 표면은 건성이고, 녹색 또는 녹회색을 띠며, 표피는 불규칙하게 다각형 또는 귀열상으로 갈라지며 갈라진 사이에 유백색의 조직이 보인다. 조직은 백색이고 어린 시기에는 다소 건고하며, 맛과 향기는 부드럽다. 주름살은 대에 떨어진주름살이며 다소 빽빽하고, 초기에는 백색이지만 시간이 경과하면 다소 옅은 황백색을 띠며, 주름살날은 분질상이다. 대

는 크기가 3.2~9.7㎝로 원통형이고, 위아래 굵기가 비슷하다. 표면은 평활하고 다소 주름선이 종으로 있으며, 백색 또는 유백색이며, 상처를 입어도 변색하지 않는다. 대 속은 초기에는 차 있으나 성장하면 다소 스폰지화 된다. 포자문은 백색이며, 포자 모양은 유구형이다. 포자의 표면에는 멜저용액에서 회청색을 띠는 돌기와 미세한 돌기 망목이 있다.

- **발생 시기 및 장소** : 여름부터 가을까지 주로 잡목림 내의 지상에 홀로 흩어져 나거나 소수 무리지어 발생한다.
- **식용 가능 여부** : 식용버섯
- **분포** : 한국, 동남아시아, 유럽, 북아메리카
- **참고** : 본 종은 갓의 표면이 녹색 또는 녹회색을 띠고, 성장하면 갓 표피가 갈라져 마치 깨진 기와를 늘어놓은 것처럼 된다는 점이 특징적이며, 국내에서는 야생 식용버섯 중에 옛날부터 널리 알려진 식용버섯이다.
- **영문명** : Green Russula, Green Brittlegill

1. 귀열상의 표피 2. 백색의 주름살

▲ 큰 대주머니를 형성하는 자실체

긴골광대버섯아재비

Amanita longistriata S. Imai

담자균문(Basidiomycota) 주름버섯강(Agaricomycetes) 주름버섯목(Agaricales) 광대버섯과(Amanitaceae) 광대버섯속(Amanita)

: 형태적 특징 : 긴골광대버섯아재비의 자실체는 백색의 작은 달걀 모양이나 점차 상단 부위가 갈라져 갓과 대가 나타난다. 갓은 2.5~6.5㎝로 난형 또는 종형이나 성장하면 반반구형이 되거나 편평하게 펴진다. 표면은 평활하고, 습할 때 다소 점성이 있으며 회갈색 또는 회색을 띠고 갓 주변부는 방사상으로 홈선이 있다. 조직은 비교적 얇고 백색이나 갓의 표피 하층은 회색을 띤다. 주름살은 떨어진주름살로 약간 성글며 백색이나 점차 분홍색을 띤다. 주름살날은 분질상이다. 대는 4.5~11㎝로 원통형이고

상부 쪽이 다소 가늘다. 표면은 평활하거나 종으로 섬유상 선이 있고 백색이다. 턱받이는 백색의 막질이다. 대주머니는 백색이고 얇은 막질이다. 포자문은 백색이고, 포자 모양은 광타원형이며 비아밀로이드이다.

: **발생 시기 및 장소** : 여름과 가을에 활엽수림, 침엽수림 또는 혼합림의 지상에서 발견된다.

: **식용 가능 여부** : 독버섯

: **분포** : 한국, 일본 등

: **참고** : 긴골광대버섯아재비는 우산버섯과 매우 유사하지만 주름살이 분홍색을 띠고, 대의 상부에 턱받이가 있다는 점이 다르다. 턱받이가 있다는 점에서 긴골광대버섯아재비는 턱받이광대버섯[A. spreta (Peck) Sacc.]과 매우 비슷하지만, 후자는 주름살이 백색이란 점에서 쉽게 구별된다.

▲ 다섯 가닥으로 갈라지는 대주머니

1. 분홍색을 띤 주름살 **2.** 막질의 대주머니

▲ 젤라틴층을 갖는 갓

긴꼬리버섯

Hymenopellis radicata (Relhan) R. H. Petersen

분류체계

담자균문(Basidiomycota) 주름버섯강(Agaricomycetes) 주름버섯목(Agaricales) 뽕나무버섯과(Physalacriaceae) 긴꼬리버섯속(Hymenopellis)

형태적 특징 : 긴꼬리버섯의 갓은 크기가 3.5~10.5㎝이고, 모양은 초기에는 반구형 또는 반반구형이나, 성숙하면 중앙볼록편평형이 되며, 옅은 황토갈색 또는 담회갈색을 띠며, 표면은 방사상의 주름이 현저하게 있고, 습할 때는 젤라틴질층이 두껍게 덮여 있다. 조직은 갓 중앙부는 두꺼우며, 끝 부위는 다소 얇다. 표피층 아래는 회갈색을 띠나 그 외는 백색이고, 맛과 향기는 부드럽다. 주름살은 대에 완전붙은주름살 또는 끝붙은주름살이며, 성글고 넓으며 편복형이고, 백색이다. 주름살날은 분질상이다. 대

는 지상부의 크기가 5.5~12.3㎝(지중의 뿌리길이는 3.5~23㎝)이고, 방추형이나 드물게는 다소 편압되어 있다. 상부쪽은 백색이고 분상이며 섬유질상의 선이 보이고, 아래쪽은 점차 갓보다 옅은 황토색 또는 황갈색을 띠며, 종으로 섬유상 선이 있고, 종종 뒤틀려 있다. 포자문은 백색이다. 포자 모양은 광타원형이고, 평활하며 세포벽은 얇고, 대부분 하나의 커다란 기름방울이 있으며, 포자문은 백색이다.

발생 시기 및 장소: 여름부터 가을까지 활엽수 또는 침엽수의 뿌리 또는 묻혀 있는 나무토막에서 발생한다.

식용 가능 여부: 식용버섯

분포: 한국, 동아시아, 유럽, 북아메리카

참고: 본 종은 외관상 *Oudemansiella melanotricha* Dorfelt 매우 비슷하나 후자는 갓 표면에 방사상의 홈선이 없고, 젤라틴질이 없으며, 갓 표피 상층과 대에 강모체(setae)가 산재해 있으며, 포자가 유구형이란 점에서 쉽게 구별된다. 본 종의 국내 표본 재료의 포자는 유럽종의 포자(Breitenbach & Kranzlin)의 것보다 크므로 앞으로 대륙간의 표본에 대해 세밀한 조사 관찰이 필요하다고 본다.

1. 대기부의 긴 뿌리 2. 백색의 폭이 넓은 주름살

▲ 긴 대를 갖는 자실체

긴대밤그물버섯

Boletellus elatus Nagas.

담자균문(Basidiomycota) 주름버섯강(Agaricomycetes) 그물버섯목(Boletales) 그물버섯과(Boletaceae) 밤그물버섯속(Boletellus)

:형태적 특징: 긴대밤그물버섯의 갓은 폭이 3~9㎝로 반구형 또는 반반구형이고 가끔 편평해지며, 노숙하면 드물게 갓 끝부분이 반전된다. 갓 표면은 건성이고 습할 때 다소 점성이 있으며, 초기에는 미세한 융단상이나 성장하면서 평활해진다. 어릴때는 암갈색이나 성장하면 다소 퇴색하여 담갈색 또는 암적갈색으로 된다. 갓 조직은 육질이고 부드러우며, 등황백색으로 상처를 입어도 변하지 않으며, 맛과 향이 없다. 관공의 길이는 0.8㎝ 정도이고, 대에 완전붙은주름살관공형이나 점차 끝붙은관공형 또는

1. 유황색의 관공 2. 갈색의 갓

홈관공형으로 되며, 어릴 때 황색이지만 점차 녹황색 또는 등록황색으로 된다. 관공구는 각형이고 크며, 황색이나 후에 녹황색 또는 등황색으로 되며, 상처를 입어도 변색되지 않는다. 대의 크기는 9~23㎝로 대단히 크고 길며, 아랫부분이 굵어 역곤봉형(1.4~4㎝)이고, 종종 뒤틀려 있다. 대 표면은 건조하고 융단상 가는 털이 있으며, 갓과 거의 같은 색이거나 다소 어두운 색이다. 어린 시기에는 자회색이며 세로 선이 있고, 상부에 불완전하며 미세한 망목이 있으며, 기부에는 백색의 균사가 있다. 대의 조직은 부드럽고 백색이며, 상처를 입어도 색이 변하지 않는다. 포자문은 올리브갈색이고, 포자 모양은 타원형 또는 원통상 유사난형이다. 포자의 표면에 길고 짧은 홈세로선이 있으며, 다소 뒤틀려 있거나 상호 연결맥이 있고, 정단부에 발아공이 있다.

발생 시기 및 장소 : 여름부터 가을까지 적송과 참나무 숲의 혼합림 내의 땅위에 홀로 나거나 흩어져 발생한다.

식용 가능 여부 : 식용버섯

분포 : 한국, 일본

▲ 곤봉상의 두부

긴뿌리포식동충하초

Ophiocordyceps longissima (Kobayasi) G. H. Sung, J. M. Sung, Hywel-Jones & Spatafora

자낭균문(Ascomycota) 동충하초강(Sordariomycetes) 동충하초목(Hypocreales) 잠자리동충하초과(Ophiocordycipitaceae) 포식동충하초속(Ophiocordyceps)

: **형태적 특징** : 긴뿌리포식동충하초의 자실체는 매미 종류의 유충의 머리 부위에 일반적으로 1개의 자실체가 발생하며, 분지가 없고 특별히 길게 늘어나 있다. 자좌(stroma)의 전체 길이가 3.4~12.5㎝로 길게 늘어난 곤봉상의 두부(head)와 대로 구분되어 있다. 자실층인 두부는 크기가 4.5~6㎝로 곤봉형 또는 방추형이며 초기에는 장미색이나 성장하면 퇴색하여 옅은 갈색을 띤다. 대는 크기가 3.5~6.8㎝로 원통형이고 길며, 대부분 비틀리고 굽어 있으며, 평활하거나 약간 미세한 털이 있고 옅은 갈색을 띤다.

피자기(perithecia)는 매몰형이며, 난형이고, 관공구는 미세한 점으로 밀포되어 있다. 피자기 사이의 균사조직은 다소 성글다. 자낭은 긴 원통형이며 자낭포자는 실 모양이다.

: **발생 시기 및 장소** : 매미류의 유충 또는 번데기에 일반적으로 머리 부위에 발생한다.

: **식용 가능 여부** : 식용버섯

: **분포** : 한국(제주도), 일본

1. 포자가 유출된 자실체   2. 끝이 뾰족한 갓   3. 분지가 있는 두부   4. 원통형의 자실층이 있는 두부

▲ 밀납 느낌의 자실체

꽃버섯

Hygrocybe conica (Scop.) P. Kumm.

담자균문(Basidiomycota) 주름버섯강(Agaricomycetes) 주름버섯목(Agaricales) 벚꽃버섯과(Hygrophoraceae) 꽃버섯속(Hygrocybe)

: **형태적 특징** : 꽃버섯의 갓은 1~3.5㎝로 초기에는 원추형으로 선단은 뾰족하며, 성장하면 중고편평형 또는 편평하게 펴진다. 표면은 방사상으로 섬유질이 있고, 습할 때 다소 매끄러운 점성이 생기며, 초기에는 아름다운 적색, 등황색 또는 황색 등을 띠다가 시간이 지나면 점차 흑색으로 변한다. 갓 끝은 종종 둔거치형이거나 파상형이고, 주름살보다 신장되어 갓 깃을 형성한다. 조직은 얇고 잘 부서지며 표피는 등황색이고, 그 아래 조직은 옅은 황색을 띠며 무취, 무미 또는 가끔은 약간 쓴맛이 있다. 주름살은

대에 거의 떨어진주름살이고 비교적 넓으며 편복형이고, 약간 빽빽하거나 약간 성글며 유백색 또는 담황색을 띤다. 상처를 입거나 성장 후에는 흑변한다. 짧은 주름살은 1-2-가지형이며, 주름살 날은 평활하다. 대는 3.5~11㎝로 원통형이나 종종 대 기부 쪽이 가늘고 대부분 비틀려 있다. 표면은 종으로 섬유질이 있고, 성장 초기에는 유황색을 띠나 시간이 경과하면서 점차 등황적색 또는 등황색을 띠고, 성숙하면 검은색의 손거스러미상 인피가 점점 증가하고 변한다. 속은 비어 있다. 포자 모양은 타원형에 평활하고 무색이며 비아밀로이드이다. 포자문은 백색이다.

: **발생 시기 및 장소** : 여름과 가을에 초원, 고지대의 초원, 목장 주위에 흩어져 나거나 소수 무리지어 발생하는 부후균이다. 국내에서는 제주도뿐만 아니라 전국에 매우 흔하게 발생한다.

: **식용 가능 여부** : 독버섯

: **분포** : 한국 등 전 세계

: **참고** : 위장계 중독 혹은 술에 취한 것 같은 신경계 중독을 일으킨다.

: **영문명** : Blackening Wax-cap, Conic Waxycap, blackening waxgill

1. 방사상의 섬유상 선이 있는 자실체 2. 파상형의 갓 가장자리

▲ 꽃 모양의 자실체

꽃송이버섯

Sparassis crispa (Wulfen) Fr.

분류체계

담자균문(Basidiomycota) 주름버섯강(Agaricomycetes) 구멍장이버섯목(Polyporales) 꽃송이버섯과(Sparassidaceae) 꽃송이속(Sparassis)

형태적 특징: 꽃송이버섯은 자실체가 성숙하면 전체는 11~28.5cm로 크고, 다소 둥글며, 작은 꽃잎 모양의 갓이 모여 꽃양배추 또는 해초 모양을 이룬다. 대는 2.5~5.5cm로 짧고 뭉툭하며 단단하고, 위쪽으로 반복하여 갈라져 짧은 분지를 수없이 형성한다. 분지는 편평하게 되며, 얇고 파상형의 꽃잎형 또는 갓이 된다. 갓의 윗면은 평활하고, 백색 또는 담황색이나 성장 후에는 황토색을 띤다. 자실층은 각각의 작은 갓의 아랫면 또는 바깥쪽에 있고, 평활하며, 초기에는 담황색이나 성장하면 황토

색이 되고 노숙하면 갈색이 된다. 조직은 얇고, 탄력성이 있으며 유연하고, 육질형이고, 백색이다. 맛은 부드럽고, 냄새는 특별하지 않다. 포자문은 백색이며, 포자 모양은 난형 또는 타원형이며, 표면은 평활하고, 멜저용액에서 비아밀로이드이다.

: **발생 시기 및 장소** : 여름부터 가을까지 침엽수(전나무)의 그루터기 주변에 뭉쳐서 발생한다.

: **식용 가능 여부** : 약용버섯

: **분포** : 한국, 중국, 유럽, 북아메리카

: **참고** : 식용 및 약용버섯으로 이용하며 항종양, 면역 증강, 항진균, 혈당저하 작용이 있다.

: **영문명** : Cauliflower Fungus, Crisped Sparassis, Eastern Cauliflower Mushroom, Ruffles, Rooting Cauliflower Fungus, sponge fungus

▲ 물결 모양의 자실체

▲ 침엽수 낙엽에 있는 자실체

▲ 불규칙한 파상형의 갓

꾀꼬리버섯

Cantharellus cibarius Fr.

분류체계

담자균문(Basidiomycota) 주름버섯강(Agaricomycetes) 꾀꼬리버섯목(Cantharellales) 꾀꼬리버섯과(Cantharellaceae) 꾀꼬리버섯속(Cantharellus)

: 형태적 특징 : 꾀꼬리버섯의 크기는 3~10㎝ 정도이며, 갓의 지름은 3~8㎝ 정도이고, 나팔형이나 성장하면서 편평해진다. 표면은 난황색을 띠나 성장하면서 연한 난황색을 띤다. 갓 둘레는 불규칙하게 굴곡이 지거나 갈라져 있다. 조직은 약간 두꺼우며, 질기고, 연한 황색을 띤다. 주름살은 대에 길게 내린주름살형으로 약간 빽빽하며, 황색이고, 주름살 사이에 연락맥이 있다. 대의 길이는 2~7㎝ 정도이며, 원통형이다. 대의 굵기는 아래쪽이 다소 가늘며, 편심형 또는 중심형이다. 대의 길이는 비교적 짧고, 단단

하며, 난황색을 띤다. 포자문은 담황색이고, 포자 모양은 타원형이다.

: **발생 시기 및 장소** : 늦여름부터 가을까지 혼합림 내 땅 위에 무리지어 발생하며 외생 균근성 버섯이다.

: **식용 가능 여부** : 식용버섯

: **분포** : 한국 등 전 세계

: **참고** : 맛과 향기가 좋아 유럽인이 좋아하고, 프랑스에서는 고급요리에 이용한다.

: **영문명** : Common Chanterelle, Chanterelle, golden chanterelle

1. 무리지어 발생 2. 주름형의 자실층 3. 완전성숙하면 갓 가장자리가 갈라진다. 4. 황색의 자실층

▲ 뿔 모양의 자실체 두부

끝검은뱀버섯

Mutinus bambusinus (Zoll.) E. Fisch.

분류체계
담자균문(Basidiomycota) 주름버섯강(Agaricomycetes) 말뚝버섯목(Phallales) 말뚝버섯과(Phallaceae) 뱀버섯속(Mutinus)

: 형태적 특징 : 끝검은뱀버섯의 유균은 갸름한 난형이며, 성숙한 자실체는 높이가 7~12㎝이며, 굵기는 1~1.2㎝로, 위 끝을 향하여 차차 가늘어져서 뿔 모양의 원주형이다. 몸통 부분과 머리 부분(자실층 형성부)의 경계가 명확하지 않다. 몸통 부분의 속은 비어 있으며 얇고 약해서 쉽게 쓰러진다. 머리 부분은 녹갈색의 점액질이 묻어나오며, 이 점액질 속에 포자가 묻혀 있고 고약한 냄새가 나며 이 냄새로 벌레를 불러 모은다.

: 발생 시기 및 장소 : 여름에서 초가을 사이에 낙엽활엽수림, 혹은 혼효림, 뜰 등의 부

식질이 많은 땅 위에 발생한다. 관음사 절 주변의 숲 속에서 관찰되었으며 뱀버섯에 비해 드물게 발생한다.

: **식용 가능 여부** : 불명

: **분포** : 한국

▲ 붉은색의 두부

▲ 녹갈색 포자가 모두 떨어진 두부

▲ 대 상부에 있는 분생자병

나방꽃동충하초

Isaria japonica Yasuda

분류체계

자낭균문(Ascomycota) 동충하초강(Sordariomycetes) 동충하초목(Hypocreales) 동충하초과(Cordycipitaceae) 나방꽃동충하초속(Isaria)

:형태적 특징: 나방꽃동충하초의 충체는 주로 나방류의 유충 또는 번데기, 드물게는 성충에 침입하여 2~10여 개체가 다발로 발생하며, 불완전세대형(분생자)인 속으로서 대표적인 종이다. 자실체는 높이가 1.5~4㎝로 수지상이며, 대는 직경이 0.1~0.3㎝로 약간 편압된 불규칙한 원통형이며, 옅은 황색이다. 분생자병은 상부에 형성한다. 분생포자는 크기가 3.2~4.8×1.5~2㎛로 중앙부위가 약간 잘록한 긴 원통형이며, 백색이고 분질상이다. 분생포자는 바람이 불면 바람에 의해 연기처럼 날리며, 멀리 비

▲ 나방류 유충에 발생

산한다.

: **발생 시기 및 장소** : 5~10월에 일반적으로 저지대에 발생한다. 국내에서는 가장 흔한 동충하초로서 발생빈도가 높다.

: **식용 가능 여부** : 약용버섯

: **분포** : 한국, 일본, 대만, 중국, 보르네오

: **참고** : 본 종은 주로 나방류의 유충 또는 번데기에 다발로 발생하며 무성세대인 분생자만 형성한다. 자실체는 수지상이며 옅은 황색을 띠고, 분생포자는 중앙 부위가 잘록한 긴 원통형이며, 분질상이란 점이 특징적이다.

▲ 분질상의 갓 표면

냉이무당버섯(개칭)

Russula mariae Peck

분류체계

담자균문(Basidiomycota) 주름버섯강(Agaricomycetes) 무당버섯목(Russulales) 무당버섯과(Russulaceae) 무당버섯속(Russula)

형태적 특징: 냉이무당버섯의 갓은 지름이 1~5㎝ 정도로 처음에는 반구형이나 성장하면서 중앙이 오목한 편평형 또는 깔때기형으로 된다. 갓 표면은 적색, 선홍색이며, 건조하면 광택이 없는 분질상의 얼룩이 있고, 습하면 점성이 있다. 주름살은 내린주름살형이며, 빽빽하고, 초기에는 백색이나 점차 연한 황색이 된다. 대의 길이는 2~5㎝ 정도이며, 표면은 갓과 같은 색이거나 다소 연한 색이다. 조직은 백색이고, 흙 냄새나 냉이 냄새가 난다. 포자문은 백색이다.

- **발생 시기 및 장소**: 여름부터 가을까지 활엽수림, 침엽수림 내 땅 위에 홀로 나거나 흩어져서 발생하는 외생균근성 버섯이다.
- **식용 가능 여부**: 식용버섯
- **분포**: 한국, 일본
- **영문명**: Purple-bloom Russula

1. 선홍색의 갓 2. 백색의 주름살 3. 갓보다 연한 색의 대 표면

냉이무당버섯(개칭)

▲ 방사상의 섬유질 선

넓은큰솔버섯(넓은주름긴뿌리버섯)

Megacollybia platyphylla (Pers.) Kotl. & Pouzar

분류체계

담자균문(Basidiomycota) 주름버섯강(Agaricomycetes) 주름버섯목(Agaricales) 낙엽버섯과(Marasmiaceae) 큰솔버섯속(Megacollybia)

: 형태적 특징 : 넓은큰솔버섯 갓의 지름은 5~15㎝ 정도이며, 초기에는 평반구형이나 성장하면서 오목편평형이 된다. 갓 표면은 어릴 때는 진한 흑갈색이나 점차 연한 회색으로 되고, 방사상으로 섬유질선이 있으며, 성장하면 종종 표면이 방사상으로 갈라지기도 한다. 조직은 얇으며, 백색이다. 주름살은 대에 완전붙은주름살형이고, 성글며, 백색이다. 주름살 사이에 간맥이 있으며, 주름살 끝은 분질상이다. 대의 길이는 6~15㎝, 굵기는 0.5~2㎝ 정도이며, 토양 표면과 붙어 있는 부분이 조금 굵으며, 속

은 비어 있다. 포자문은 백색이고, 포자 모양은 타원형이다.

발생 시기 및 장소 : 여름부터 가을까지 활엽수의 고목, 그루터기 또는 나무가 매몰된 지상에 홀로 또는 무리지어 발생한다.

식용 가능 여부 : 식용버섯

분포 : 한국, 북반구 온대 이북

영문명 : Broad-gilled Agaric, Broad-gilled Tricholoma, rooting broadgill

▲ 오목반반구형의 갓

▲ 성글고 백색인 주름살

▲ 유황색의 면모상 인피가 밀포된 갓

노란각시버섯

Leucocoprinus birnbaumii (Corda) Singer

담자균문(Basidiomycota) 주름버섯강(Agaricomycetes) 주름버섯목(Agaricales) 주름버섯과(Agaricaceae) 각시버섯속(Leucocoprinus)

: 형태적 특징 : 노란각시버섯의 갓은 지름이 2~5㎝ 정도로 난형에서 종형을 거쳐 편평하게 되며 가운데는 볼록하다. 갓 표면은 솜털 같은 인편으로 덮여 있고 노란색이다. 가장자리에는 방사상의 홈선이 있고, 부채살 모양이다. 조직은 노란색이다. 주름살은 끝붙은주름살형이며, 연한 노란색으로 빽빽하다. 대의 길이는 5~8㎝ 정도이며, 아래쪽 곤봉 모양으로 부풀어 있고, 속은 살이 없고 비어 있다. 표면은 노란색 가루 모양의 인편으로 덮여 있다. 턱받이는 막질이고 쉽게 탈락한다. 포자문은 백색이며, 포자

1. 솜털 모양 인편이 있는 갓   2. 막질의 조락성 턱받이

모양은 난형이다.

- **발생 시기 및 장소** : 여름에서 가을 사이에 정원, 온실, 화분 등에 홀로 또는 무리지어 발생하며 부생생활을 한다.
- **식용 가능 여부** : 불명
- **분포** : 한국 등 세계의 열대 또는 아열대 지역에 발생
- **참고** : 난 화분이나 실내온실의 부엽토에서 많이 발생하는 버섯이다.

▲ 다발로 발생한 자실체

노란개암버섯

Hypholoma fasciculare (Fr.) P. Kumm.

분류체계

담자균문(Basidiomycota) 주름버섯강(Agaricomycetes) 주름버섯목(Agaricales) 포도버섯과(Strophariaceae) 개암버섯속(Hypholoma)

: 형태적 특징 : 노란개암버섯의 갓은 2~8㎝로, 초기에는 원추형이나 점차 반반구형 또는 중고편평형으로 되며, 전체가 유황색 또는 황록색을 띤다. 주변부는 견사상 인편이 덮여 있으며, 초기에는 갓 끝이 안으로 말려 있고 종종 내피막의 일부가 갓 끝에 붙어 있다. 주름살은 완전붙은주름살이고 빽빽하며, 폭이 좁고 유황색 또는 녹황색이다. 대는 5~12㎝로 위아래 굵기가 같으며, 유황색이나 점차 황갈색 또는 갈색으로 되며, 내피막은 백색 또는 담황색의 섬유상이나 쉽게 소실되며 포자가 낙하되어 암갈색의 내

피막 흔적이 있다. 조직은 쓴맛이 난다. 포자문은 자갈색이며, 포자는 타원형이고, 발아공이 있다.

- **발생 시기 및 장소** : 봄에서 가을 사이에 발생하며, 보통 침엽수의 고사목이나 활엽수 고사목에서 발견된다.
- **식용 가능 여부** : 독버섯
- **분포** : 한국 등 전 세계
- **참고** : 식용버섯인 개암버섯과 매우 유사하다. 개암버섯은 가을에 밤이 떨어질 때 밤나무 그루터기에 소수 무리지어 발생하며, 갓의 색은 적갈색을 띠고 백색의 얇은 섬유상 인피가 피복되어 있으며, 맛은 쓰지 않다는 점이 다르다. 다발버섯은 봄부터 가을까지 발생하며, 성장 초기에는 자실체 전체가 유황색이란 점과 조직을 씹으면 매우 쓰다는 점이 특징적이다.
- **영문명** : Sulfur Tuft, Clustered Woodlover, sulphur tuft

▲ 견사상 인편이 있는 갓

▲ 반반구형 갈색의 갓

노란길민그물버섯

Phylloporus bellus (Massee) Corner

담자균문(Basidiomycota) 주름버섯강(Agaricomycetes) 그물버섯목(Boletales) 그물버섯과(Boletaceae) 민그물버섯속(Phylloporus)

: **형태적 특징** : 노란길민그물버섯의 갓은 크기가 2.5~7㎝로 초기에는 반구형 또는 반반구형이나 성장하면 편평상반반구형이 되거나 편평하게 퍼지며, 종종 역원추형으로 된다. 표면은 건성이며, 갈색이나 적갈색 또는 황갈색, 올리브갈색을 띠고, 상처를 입으면 갈색이나 암적갈색으로 변하며, 종종 흑색을 띠고, 건조하면 종종 갈라진다. 조직은 비교적 두껍고, 초기에 백색 또는 담홍색이나 후에 담황색을 띠나 청변하지는 않는다. 맛과 향기는 부드럽다. 자실층은 주름살형이며, 대에 내린주름살형이고, 기부에

돌기간맥이 있어 서로 연결되어 있으며, 초기에는 선황색이나 성장하면 갈색의 반점이 나타나며, 황갈색 또는 올리브갈색으로 되고, 상처를 입으면 청변하나 약한 담청색이다. 대는 크기가 3.5~6㎝로 원통형이며, 위아래 굵기가 비슷하거나 기부 쪽이 가늘며, 종종 굽어 있다. 표면은 황색 또는 갈황색을 띠고, 미분상 또는 세인편상이며, 대 상부는 주름살과 접촉 부위가 종으로 선이 있고 하부 쪽은 다소 벨벳상이며, 기부에 균사는 담황색이다. 포자문은 옅은 올리브갈색이며 포자 모양은 방추상 타원형이고, 평활하며 무색이고, 포자벽은 얇다.

: **발생 시기 및 장소** : 여름부터 가을까지 활엽수림 또는 침엽수림 내의 지상에 흩어져 나거나 소수 무리지어 발생하는 외생균근형성균이다. 국내에서 일반적으로 나타난다.

: **식용 가능 여부** : 독버섯

: **분포** : 한국, 일본, 말레이시아, 싱가폴

: **참고** : 본 종과 유사한 종 "*P. orientalis* Corner"은 보르네오와 싱가폴에서 알려져 있으나 후자는 본 종보다 자실체가 약간 크고(갓 직경 12㎝), 조직 또는 주름살은 상처를 입으면 강한 청변성이 있으며, 갓 조직과 대의 조직은 적갈색 또는 갈적색을 띠고, 대의 표면에 홍색의 세인편이 있다는 점이 다르다(Corner, 1970). 위장계 중독을 일으킨다.

1. 주름살형의 자실층 2. 대에 내린 주름살형의 자실층과 황백색의 조직

▲ 밝은 황색의 갓

노란난버섯

Pluteus leoninus (Schaeff.) P. Kumm.

 분류체계

담자균문(Basidiomycota) 주름버섯강(Agaricomycetes) 주름버섯목(Agaricales) 난버섯과(Pluteaceae) 난버섯속(Pluteus)

: **형태적 특징** : 노란난버섯의 갓은 지름이 3~6㎝ 정도이며, 처음에는 종형이나 성장하면서 중앙볼록편평형이 된다. 갓 표면은 밝은 황색이며, 습할 때 가장자리 쪽으로 방사상의 선이 보인다. 주름살은 떨어진주름살형이며, 빽빽하고, 처음에는 백색이나 성장하면서 연한 홍색이 된다. 대의 길이는 3~8㎝ 정도이며, 백색이고, 위아래 굵기가 비슷하고, 아래쪽에 연한 갈색의 섬유상 인편이 있으며, 속은 처음에 차 있으나 성장하면서 빈다. 조직은 백색이다. 포자문은 연한 홍색이며, 포자 모양은 유구형이다.

: **발생 시기 및 장소** : 봄부터 가을까지 활엽수의 고목, 썩은 나무 등에 무리지어 나거나 홀로 발생한다.

: **식용 가능 여부** : 식용버섯

: **분포** : 한국, 동아시아, 유럽, 북아메리카

: **참고** : 갓이 밝은 난황색 또는 황금색인 것도 있으며 잘 썩은 참나무류의 목재에서 발생하는 버섯이다.

: **영문명** : golden deer mushroom

1. 중앙볼록편평형의 갓   2. 분홍색의 포자가 있는 주름살   3. 갈색 섬유상 인편이 있는 대

▲ 방사상 홈선이 있는 갓

노란달걀버섯

Amanita javanica (Corner & Bas) T. Oda, C. Tanaka & Tsuda

분류체계

담자균문(Basidiomycota) 주름버섯강(Agaricomycetes) 주름버섯목(Agaricales) 광대버섯과(Amanitaceae) 광대버섯속(Amanita)

: 형태적 특징 : 노란달걀버섯의 어린 버섯은 알 모양의 두꺼운 백색 대주머니에 싸여 있으며, 성장하면 정단 부위의 외피막이 파열되어 갓과 대가 나타난다. 갓의 지름은 5~15㎝ 정도로 초기에는 반구형이나 성장하면서 편평하게 펴지나 중앙 부위는 약간 돌출되어 있다. 표면은 황색이고, 갓 둘레는 다소 연한 색이며, 방사상의 선이 있다. 습할 때는 다소 점성이 있다. 조직은 두꺼우며 백색이고, 표피 아래층은 황색을 띤다. 주름살은 떨어진주름살형이며, 약간 빽빽하고, 연한 황색을 띠며, 주름살 끝은 분질상이

다. 대의 길이는 10~20㎝ 정도이며, 원통형으로 위쪽이 다소 가늘다. 표면은 뱀 껍질 모양의 옅은 황색 무늬가 있으며, 턱받이 상부에는 주름살의 흔적인 세로형의 홈선이 있다. 대 기부에 막질형의 대주머니가 있다. 포자문은 백색이며, 포자 모양은 광타원형이다.

발생 시기 및 장소 : 여름부터 가을까지 활엽수림, 침엽수림, 혼합림 내 땅 위에 홀로 또는 흩어져서 발생한다.

식용 가능 여부 : 식용버섯

분포 : 한국, 일본, 동남아시아

참고 : 달걀버섯과 비슷하나, 갓과 대의 색이 모두 노란색을 띤다. 경상도 지역에서는 자실체의 색깔 때문에 '꾀꼬리버섯'으로 부르고 있다. 맹독버섯인 개나리광대버섯과 형태적으로 유사하므로 미세구조를 확인하여 종 구분을 해야 하는 버섯이다.

▲ 노란색의 주름살과 내피막

▲ 갓 끝에 턱받이 흔적이 있는 자실체

노란대주름버섯

Agaricus moelleri Wasser

담자균문(Basidiomycota) 주름버섯강(Agaricomycetes) 주름버섯목(Agaricales) 주름버섯과(Agaricaceae) 주름버섯속(Agaricus)

: 형태적 특징 : 노란대주름버섯의 갓은 크기가 5.4~9.6㎝로 초기에는 반구형이나, 성장하면 반반구형 또는 편평하게 펴지며 중앙부위는 약간 봉긋하다. 표면은 성장 초기에는 평활하고, 암갈색 또는 초콜릿갈색이나, 성장하면 갈라져 유백색 바탕에 회갈색 또는 흑갈색의 가는 섬유상 인편이 형성된다. 조직은 두껍고, 치밀하며, 백색을 띠고, 대의 기부를 자르거나 상처를 입으면 황색으로 변한다. 맛은 부드럽고, 약간 냄새가 있거나 불분명하다. 주름살은 대에 떨어진주름살이며, 빽빽하고, 폭은 좁으며, 초

기에는 백색이나 점차 분홍색을 띠다가 흑갈색으로 된다. 주름살날은 평활하다. 대는 크기가 5.5~11.3㎝로 원통형이고, 위아래 굵기가 비슷하나 기부는 다소 괴근상이다. 표면은 초기에 평활하나 성장하면 미세한 섬유질이 보이며, 견사상 광택이 나고, 백색이며, 대 기부는 문지르면 황색으로 변한다. 대의 속은 점차 빈다. 턱받이는 백색이고, 막질형이며, 2중 턱받이고, 대상부에 있다.

포자문은 암자갈색이고, 포자 모양은 타원형 또는 난형이며, 표면은 평활하고, 포자벽은 두껍다.

: **발생 시기 및 장소** : 여름부터 가을까지 혼합림내 부식질이 많은 곳에 흩어져 나거나 소수 무리지어 발생한다. 국내에서는 다소 드물게 발생한다.

: **식용 가능 여부** : 독버섯. 유럽 및 북아메리카에서 독버섯으로 기록되어 있으며, 특히 대의 기부를 자르거나 문지를 때 선명하게 황색으로 변하는 주름버섯류는 독버섯이 많으므로 주의해야 한다.

: **분포** : 한국, 일본, 유럽, 북아메리카

: **참고** : 노란대주름버섯은 갓의 표면이 회갈색 또는 흑갈색을 띠며 가는 섬유상 인편이 있고, 대 기부를 자르거나 문지르면 황색으로 변한다는 점이 쉽게 구별된다. 유럽에서는 페놀 냄새가 난다고 하지만 국내 표본에서는 페놀 냄새가 나지 않는다. *A. xanthoderma*는 대의 기부가 황변한다는 점에서는 유사하나 갓 표면이 순백색이란 점에서 쉽게 구별된다.

1. 갓에서 떨어지기 직전의 턱받이 **2.** 포자가 성숙한 주름살

▲ 갓 표면에 점성이 있는 자실체

노란젖버섯

Lactarius chrysorrheus Fr.

분류체계

담자균문(Basidiomycota) 주름버섯강(Agaricomycetes) 무당버섯목(Russulales) 무당버섯과(Russulaceae) 젖버섯속(Lactarius)

: **형태적 특징** : 노란젖버섯의 갓은 3.2~8.5㎝로 반반구형 또는 중앙오목반구형이고, 갓 끝은 대에 부착되어 있으나 성장하면 갓 끝이 펴지며 편평형, 중앙오목편평형 또는 유깔때기형으로 된다. 표면은 평활하고 습할 때 약간 점성이 있으며, 황토황색이나 연한 살색을 띠고 짙은 색의 동심원상 환문이 있다. 갓 표피층은 잘 벗겨지며, 표피 하층은 붉은색을 띠고 조직은 거의 백색이나 자르면 황변하며, 상처를 입어 나온 유액은 백색이나 공기와 접하면 황변하며 매운맛이 난다. 주름살은 떨어진주름살 또는 끝

붙은주름살이며 약간 빽빽하고 백색이나 점차 담황색으로 되며, 주름살날은 평활하다. 대의 길이는 2.4~9.5㎝로 원통형으로 위아래 굵기가 비슷하다. 표면은 평활하거나 다소 주름 모양의 종선이 있으며, 갓보다 옅은 색이나 후에 짙은색으로 된다. 성장하면 대 속의 조직은 해면질화되거나 비어 있다. 포자문은 백색이며, 포자 모양은 유구형 또는 난상 유구형이고, 표면에는 크고 작은 돌기와 미세한 망목이 있으며 아밀로이드이다.

발생 시기 및 장소 : 주로 가을에 참나무나 소나무(적송)가 혼재한 산림의 지상에 소수 무리지어 발생한다.

식용 가능 여부 : 독버섯

분포 : 한국 등 북반구 온대

참고 : 감별해야 할 식용버섯은 배젖버섯이다.

영문명 : Gold-drop Milkcap

1. 중앙오목편평형의 갓   2. 갓이 위로 반전된 성숙한 자실체
3. 상처를 입으면 나오는 흰색의 유액. 시간이 경과하면 노란색으로 변색   4. 대 기부 쪽이 갈색인 대 조직

▲ 전체가 암황갈색을 띠는 자실체

노란턱돌버섯

Descolea flavoannulata (Lj. N. Vassiljeva) E. Horak

담자균문(Basidiomycota) 주름버섯강(Agaricomycetes) 주름버섯목(Agaricales) 끈적버섯과(Cortinariaceae) 돌버섯속(Descolea)

: **형태적 특징** : 노란턱돌버섯의 갓은 크기가 4.5~8.5㎝로 성장 초기에는 구형 또는 유구형이나 성장하면 반반구형 또는 중앙볼록편평형으로 된다. 표면은 건성이고 황토색이나 암황갈색을 띠고 방사상의 주름이 있다. 갓 끝은 성장 초기에 안쪽으로 굽어있다. 조직은 섬유질상 육질이고, 백색 또는 담황갈색을 띠며, 중앙부위는 두껍다. 향기는 불분명하며 맛은 부드럽다. 주름살은 완전붙은주름살이나 종종 성장하면 떨어진주름살로 되며 다소 성글고, 초기에는 황갈색이나 차차 암황갈색으로 변한다. 주름

살날은 황색의 분질이 있다. 대는 크기가 4.5~10㎝로 원통형이며, 위아래 굵기는 비슷하나 기부는 약간 팽대하여 유구근상을 이룬다. 표면의 상부는 황토색이고, 하부는 갈색을 띠며, 종으로 섬유질선이 있고, 기부쪽에는 외피막 잔유물이 산재해 있다. 턱받이는 대의 2/3~1/2 부위에 있으며 황색의 막질로, 상면에 방사상의 홈선이 있다. 포자 모양은 레몬형이며, 표면에는 사마귀상 돌기가 있고 발아공은 없으며, 포자문은 황토색이다.

: **발생 시기 및 장소** : 늦은 여름부터 가을까지 주로 소나무림 또는 활엽수림 내 지상에 홀로 나거나 흩어져 발생한다.

: **식용 가능 여부** : 식용버섯

: **분포** : 한국, 일본, 중국, 러시아 극동지방

1. 황갈색의 인피가 있는 갓 2. 황색의 턱받이 3. 황토색의 주름살

▲ 갈색의 거친 털이 있는 갓

노루귀버섯

Crepidotus badiofloccosus S. Imai

담자균문(Basidiomycota) 주름버섯강(Agaricomycetes) 주름버섯목(Agaricales) 땀버섯과(Inocybaceae) 귀버섯속(Crepidotus)

: **형태적 특징** : 노루귀버섯의 갓은 크기가 0.5~1.4㎝로 초기에는 반반구형이나 점차 부채형이거나 신장형으로 된다. 표면은 건성이며 황색, 유황색을 띠나 성장하면 담황색, 황토색 또는 황갈색을 띠며, 갈색의 거칠고 다소 누운 모(毛)가 밀포되어 있다. 조직은 육질형이고 얇지 않으며, 담황색 또는 암황색을 띠고, 냄새는 불분명하고 맛은 부드럽다. 주름살은 대에 완전붙은주름살 또는 다소 끝붙은주름살이며, 약간 빽빽하고, 폭은 비교적 넓으며(0.1~0.3㎝), 초기에는 유황색 또는 황색을 띠나 성장하면 갈

색, 적갈색을 띠고, 주름살날은 약간 분질상이다. 짧은 주름살은 1- 또는 3-가지 형이다. 대는 크기가 0.1㎝ 내외로 짧고 측생이며, 드물게는 없다. 대는 원통형이고, 위아래 굵기가 비슷하며, 표면은 건성이며, 갓과 거의 비슷한 색이다. 조직은 섬유상 육질이며, 약간 단단하다. 포자 모양은 구형 또는 유구형으로 표면에 현저하게 침상돌기가 있으며, 포자반과 발아공이 없다.

: **발생 시기 및 장소** : 여름부터 가을까지 부후목 또는 나뭇가지 위에 무리지어 발생하는 부후균이다.

: **식용 가능 여부** : 불명

: **분포** : 한국, 일본, 중국

1. 기주에 부착한 부위에 흰색 균사가 있다. 2. 부채형의 자실체 3. 부후목에 무리지어 발생하는 부후균 4. 백색의 주름살

노루귀버섯 • 85

▲ 자실층인 머리 부분은 어릴 때 붉은색을 띤다.

노린재포식동충하초

Ophiocordyceps nutans (Pat.) G. H. Sung, J. M. Sung, Hywel-Jones & Spatafora

 분 류 체 계

자낭균문(Ascomycota) 동충하초강(Sordariomycetes) 동충하초목(Hypocreales) 잠자리동충하초과(Ophiocordycipitaceae) 포식동충하초속(Ophiocordyceps)

: 형태적 특징 : 노린재포식동충하초의 자실체는 노린재의 성충의 머리, 흉부에 일반적으로 발생하며, 대부분 1개가 발생하나 드물게는 2개 이상 발생한다. 자실체는 두부와 대로 나누어지며, 자실층인 두부의 길이는 3~6㎝ 정도로 긴 타원형이며, 등황색을 띤다. 대는 3~10㎝ 정도이고, 가늘고 길며, 불규칙하게 굽어 있다. 위쪽은 등황색을 띠나 기부 쪽은 검은색이고, 약간 광택이 난다. 조직은 단단하고 질기며, 가죽질이다. 포자 모양은 원주형이다.

: **발생 시기 및 장소** : 여름에서 가을 사이에 발생하며 죽은 노린재의 머리, 흉부에 기생생활 한다.

: **식용 가능 여부** : 약용버섯

: **분포** : 한국, 일본, 대만, 중국

: **참고** : 피자기는 사면으로 완전 매몰형이다.

▲ 대는 검은색이고 광택이 난다.

1. 면봉형의 주황색 두부   2. 죽은 노린재의 머리, 흉부에 기생생활을 하는 자실체

▲ 외피막을 뚫고 나온 자실체

달걀버섯

Amanita hemibapha (Berk. and Broome) Sacc.

분 류 체 계

담자균문(Basidiomycota) 주름버섯강(Agaricomycetes) 주름버섯목(Agaricales) 광대버섯과(Amanitaceae) 광대버섯속(Amanita)

: **형태적 특징** : 달걀버섯의 어린 버섯은 백색의 알에 싸여 있으며, 성장하면서 정단 부위의 외피막이 파열되어 갓과 대가 나타난다. 갓의 지름은 5~20㎝ 정도로 초기에는 반구형이나 성장하면서 편평하게 펴진다. 표면은 적색 또는 적황색이고, 둘레에 방사상의 선이 있다. 주름살은 떨어진주름살형이며, 약간 빽빽하고, 황색이다. 대의 길이는 10~20㎝ 정도이며, 원통형으로 위쪽이 다소 가늘고, 성장하면서 속이 빈다. 대의 표면은 황색 또는 적황색의 섬유상 인편이 있고, 대의 위쪽에는 등황색의 턱받이가 있

으며, 기부에는 두꺼운 백색 대주머니가 있다. 포자문은 백색이며, 포자 모양은 광타원형이다.

- **발생 시기 및 장소** : 여름부터 가을까지 활엽수림, 침엽수림, 혼합림 내 땅 위에 홀로 나거나 흩어져서 발생하는 외생균근성 버섯이다.
- **식용 가능 여부** : 식용버섯
- **분포** : 한국, 중국, 일본, 스리랑카, 북아메리카
- **참고** : 고대 로마시대 네로 황제에게 달걀버섯을 진상하면 그 무게를 달아 같은 양의 황금을 하사했다는 기록이 있다.

1. 어린 자실체의 단면 2. 흰색 외피막에 싸인 자실체 3. 외피막에 싸인 자실체 4. 갓 가장자리에 방사상의 홈선이 있다.

▲ 담갈색의 자실체

당귀땅콩버섯(개칭)

Glaziella splendens (Berk. & M. A. Curtis) Berk.[이명: *Entonaema splendens* (Berk. & Curt.) Lloyd]

분류체계

자낭균문(Ascomycota) 주발버섯강(Pezizomycetes) 주발버섯목(Pezizales) 땅콩버섯과(신칭, Glaziellaceae) 땅콩버섯속(신칭, Glaziella)

: **형태적 특징** : 당귀땅콩버섯의 모양은 일그러진 구형이며, 크기는 2~6㎝로 신선할 때에는 말랑말랑하고 탄력이 있으며, 건조해지면 쪼그라들고 단단해진다. 자실체는 담갈색 또는 적갈색이고, 유균을 자르면 무른 점액질의 내용물이 흘러나온다. 외부는 분질상이나 만지면 떨어지고, 자실체는 천천히 성숙하며 오랫동안 나무에 붙어 있다.

: **발생 시기 및 장소** : 여름에서 가을 사이에 주로 발생하지만 날씨가 건조하여 마른 버

섯은 겨울까지 관찰된다. 활엽수림 또는 혼효림 내의 고사목, 그루터기 등에 발생하며, 물영아리 정상 부근의 낙엽활엽수림지대, 물찻오름 임도 주변, 사려니오름 주변에서 관찰되었다. 난지성 버섯이다.

식용 가능 여부 : 불명

분포 : 한국

▲ 점액질의 용액이 있는 자실체 단면

▲ 평반구형의 자실체

대공그물버섯(신칭, 이명: 산그물버섯)

Boletus subtomentosus L.[이명: *Xerocomus subtomentosus* (L.) Quél.]

분류체계

담자균문(Basidiomycota) 주름버섯강(Agaricomycetes) 그물버섯목(Boletales) 그물버섯과(Boletaceae) 그물버섯속(Boletus)

: 형태적 특징 : 대공그물버섯의 갓은 지름이 5~10㎝ 정도로 초기에는 평반구형이나 성장하면서 편평하게 펴진다. 표면은 매끄럽고, 황록갈색 또는 회갈색이며, 종종 표피가 갈라져 연한 황색의 조직이 보인다. 관공은 완전붙은관공형이고, 녹황갈색이나 상처가 나면 청색으로 변한다. 대의 길이는 5~10㎝ 정도이며, 위아래 굵기가 비슷하고, 표면은 황록갈색 또는 황갈색이며 세로로 줄이 있다. 포자문은 황록색이며, 포자 모양은 타원형이다.

- **발생 시기 및 장소** : 여름부터 가을까지 활엽수림, 침엽수림, 혼합림, 풀밭 내 땅 위에 홀로 나거나 무리지어 발생한다.
- **식용 가능 여부** : 식용버섯
- **분포** : 한국, 북반구 일대, 보르네오, 오스트레일리아
- **참고** : 관공 부위에 상처를 주면 청색으로 변한다.

1. 녹황갈색의 관공　**2·3.** 위아래 굵기가 같은 대

대공그물버섯(신칭, 이명: 산그물버섯)

▲ 백색의 자실체

댕구알버섯

Calvatia nipponica Kawam. ex Kasuya & Katum.

분류체계

담자균문(Basidiomycota) 주름버섯강(Agaricomycetes) 주름버섯목(Agaricales) 주름버섯과(Agaricaceae) 말징버섯속(Calvatia)

: 형태적 특징 : 댕구알버섯의 자실체는 어릴 때 백색이며 성숙하면 갈색 또는 검은색으로 변하고, 크기는 10~60㎝이며 유구형 또는 구형이다. 자실체는 외각피 내각피, 속살 등 3개의 층으로 되어있고 오래되면 껍질이 쉽게 벗겨진다. 내각피는 매끄럽고 윤기 있는 황갈색, 갈색의 이형균사조직형(위유조직, pseudoparenchymatous)으로 되어 있다. 조직은 어릴 때 다소 점성이 있고 백색이며 부드러우나 포자가 성숙하면 천조각처럼 불규칙하게 갈라지고 위주축(pseudocolumella)은 없어 포자 덩어리가 드러나면서 흐

트러진다. 기부에 흰색의 균사속(폭 1㎝ 이상, 길이 10㎝ 내외)이 부착되어 있다. 탁실균사는 말불버섯형이다. 위탁실균사(paracapillitium)는 없다. 포자는 황갈색 또는 갈색이고, 난형 또는 유구형이며, 포자 표면에 끝이 코스모스 꽃잎형인 돌기가 있다.

: **발생 시기 및 장소** : 여름부터 가을까지 대나무밭, 정원, 풀밭, 잡목림 등의 지상에 발생한다.

: **식용 가능 여부** : 포자가 성숙하기 전 속살이 백색일 때는 식용가능하다.

: **분포** : 한국, 일본

1. 표면이 매끄러운 자실체 2. 황갈색의 탁실 균사
3. 포자가 성숙하여 외피가 갈라지는 자실체 4. 불규칙하게 갈라지는 표피

댕구알버섯 • 95

▲ 솜털 모양의 인편이 있는 갓

등색가시비녀버섯

Cyptotrama asprata (Berk.) Redhead & Ginns

분류체계

담자균문(Basidiomycota) 주름버섯강(Agaricomycetes) 주름버섯목(Agaricales) 뽕나무버섯과(Physalacriaceae) 비녀버섯속(Cyptotrama)

: 형태적 특징 : 등색가시비녀버섯의 자실체는 지름이 1~5㎝로 초기에는 반구형에서 성숙해지면 편평형으로 펼쳐진다. 표면은 등황색 바탕에 솜털 모양의 인편이 전체에 덮여 있다. 조직은 백색이며 단단한 편이고, 주름살은 바른주름살이며 백색이고 약간 성기다. 대는 2~5㎝ 정도이고, 굵기는 3~7㎝이며 속이 차 있고, 고리는 없으며, 대의 표면은 담황색 또는 등황색이며 상부로 갈수록 연한색으로 변한다. 대 표면에 솜털 모양의 인편이 전체에 덮여 있고 기부는 약간 팽대하다.

: **발생 시기 및 장소** : 여름과 가을 사이에 숲 속 활엽수의 고사목이나 떨어진 나뭇가지에 발생한다.

: **식용 가능 여부** : 식용, 약용버섯

: **분포** : 한국

: **영문명** : Golden-scruffy Collybia

1. 밝은 황색을 띤 거친 인편 2. 대 기부의 황색의 인편 3. 백색의 주름살

▲ 조개형의 자실체

때죽조개껍질버섯

Lenzites styracina (Henn. & Shirai) Lloyd

분류체계

담자균문(Basidiomycota) 주름버섯강(Agaricomycetes) 구멍장이버섯목(Polyporales) 구멍장이버섯과(Polyporaceae) 조개껍질버섯속(Lenzites)

형태적 특징 : 때죽조개껍질버섯의 자실체는 좌생이고, 갓은 반원형에서 조개형이고 길이는 4㎝이며 기질에서 3㎝ 정도 돌출되어 있다. 두께는 0.5㎝이고, 흔히 상하좌우로 부착하여 중첩되어 있으며 갓 표면은 밋밋한 구조로 적갈색이나 자갈색 또는 회갈색의 뚜렷한 동심환문을 이루고 있다. 얕은 방사구가 나있으며 자실층 표면은 성기게 배열된 미로상이고 나중에는 방사상의 불완전한주름형으로 발달한다. 대는 백색으로 조직은 혁질이며 건조하면 단단해지고 두께는 0.2㎝이다. 균사는 삼균사형이고, 생식균

사는 박막, 클램프 격막이며 골격균사는 후막, 무격막고 결합균사는 후막, 무격막이다. 자주 분지로 담자병은 곤봉형이다.

: **발생 시기 및 장소** : 살아있는 단풍나무, 때죽나무 가지와 활엽수가 고사된 가지에 무리지어 발생한다.

: **식용 가능 여부** : 불명

: **분포** : 한국

▲ 동심원상 환문이 있는 갓

▲ 불완전한 주름형 자실층

▲ 갈색의 반원형인 갓

마귀광대버섯

Amanita pantherina (DC.) Krombh.

분류체계

담자균문(Basidiomycota) 주름버섯강(Agaricomycetes) 주름버섯목(Agaricales) 광대버섯과(Amanitaceae) 광대버섯속(Amanita)

형태적 특징: 마귀광대버섯의 갓은 지름이 3~25㎝ 정도이며, 초기에는 구형이나 성장하면서 편평형이 되고, 후에 오목편평형이 된다. 갓 표면은 회갈색 또는 갈색이며, 사마귀 모양의 백색 외피막 파편이 산재하고, 습하면 점성이 있으며, 갓 둘레에는 종종 방사상의 홈선이 있다. 주름살은 떨어진주름살형이며, 다소 빽빽하고 백색이며, 주름살 끝은 약간 톱날형이다. 대의 길이는 5~20㎝ 정도이며, 백색이며, 위쪽에 턱받이가 있고, 턱받이 밑에는 섬유상의 인편이 있다. 기부는 팽대하여 구근상을 이루고 바

로 위에는 외피막의 일부가 2~4개의 불안전한 띠를 이룬다. 포자문은 백색이며, 포자 모양은 긴 타원형이다.

발생 시기 및 장소 : 여름부터 가을까지 활엽수림, 침엽수림 내 지상에 홀로 나거나 흩어져 발생하며, 외생균근성 버섯이다.

식용 가능 여부 : 독버섯

분포 : 한국, 북반구 온대 이북, 아프리카

참고 : 이보테닉산-무시몰 독성이 있는 버섯으로, 식용버섯인 붉은점박이광대버섯과 유사하므로 주의해야 한다.

영문명 : The Panther, Panther Cap, False Blusher

1. 사마귀 모양의 백색 인편과 구근상의 대주머니 2. 외피막의 흔적이 백색 인편으로 펼쳐진 자실체
3. 오목편평형의 갓   4. 촘촘한 백색의 주름살

▲ 자실체 표면의 피라미드상의 돌기

말불버섯

Lycoperdon perlatum Pers.

담자균문(Basidiomycota) 주름버섯강(Agaricomycetes) 주름버섯목(Agaricales) 주름버섯과(Agaricaceae) 말불버섯속(Lycoperdon)

: 형태적 특징 : 말불버섯의 자실체는 지름이 2~6㎝ 정도, 높이는 3~6㎝ 정도이며, 원추형이다. 표면은 백색이나 차차 황갈색으로 변하고, 윗부분에는 흑갈색의 작은 피라미드형의 돌기가 무수히 부착되어 있고, 만지면 쉽게 떨어진다. 자실체의 측면과 아래쪽에는 종으로 난 주름이 있으며, 흑갈색의 돌기가 있다. 버섯이 성장하면 정단 부위에 하나의 구멍이 생기는데, 그곳으로 포자가 분출된다. 포자는 갈색이며, 모양은 구형이다.

: **발생 시기 및 장소** : 여름부터 가을까지 산림 내 부식질이 많은 땅 위에 홀로 나거나 무리지어 발생하며 부생생활을 한다.

: **식용 가능 여부** : 식용버섯

: **분포** : 한국 등 전 세계

: **참고** : 좀말불버섯과 모양이 비슷하나, 좀말불버섯은 나무에서 발생하고 본 종은 낙엽부식층이나 유기물이 많은 토양에서 발생하는 것이 다르다.

: **영문명** : Common Puffball, Gem-studded Puffball, Gem Puffball, Gemmed Puffball, warted

▲ 성장하면 정단 부위에 하나의 소공이 발생

▲ 어린 버섯은 자르면 흰색을 띤다.

▲ 얇은 황갈색의 외피막을 가진 자실체

말징버섯

Calvatia craniiformis (Schwein.) Fr.

분류체계

담자균문(Basidiomycota) 주름버섯강(Agaricomycetes) 주름버섯목(Agaricales) 주름버섯과(Agaricaceae) 말징버섯속(Calvatia)

: **형태적 특징** : 말징버섯의 자실체는 지름이 5~8㎝ 정도, 높이는 5~10㎝ 정도이고 구형이다. 외피막은 얇고 연한 황갈색 또는 황토색이며, 내피막은 얇고 황색 또는 연한 적색이다. 내부의 조직은 초기에는 백색이나 성장하면 황색의 카스테라와 같으며 포자가 형성되면 갈색으로 변하고 분질상이 된다. 표피는 낡은 스폰지 모양으로 된 조직을 노출시키고, 포자는 비나 바람에 의해 외피가 부서지면 밖으로 노출되어 바람에 날린다. 대는 3~5㎝ 정도이고, 기부 쪽이 가늘며 황갈색을 띤다. 포자는 연한 갈색이며,

포자 모양은 구형이다.

: **발생 시기 및 장소** : 여름부터 가을까지 낙엽 위나 부식질이 많은 땅 위에 홀로 나거나 무리지어 발생하며 부생생활을 한다.

: **식용 가능 여부** : 어린 버섯은 식용하지만 성숙하면 조직이 모두 분질상의 포자로 변하므로 식용할 수 없게 된다.

: **분포** : 한국 등 전 세계

: **참고** : 말불버섯과의 다른 종들보다 자실체가 크다는 특징이 있다.

: **영문명** : Skull-shaped Puffball

1. 부식질이 많은 토양에서 발생 2. 무리지어 발생하는 자실체
3. 황색의 카스테라와 같은 조직 4. 포자가 드러난 노숙한 자실체

▲ 종형의 자색 자실체

맑은애주름버섯

Mycena pura (Pers.) P. Kumm.

분류체계

담자균문(Basidiomycota) 주름버섯강(Agaricomycetes) 주름버섯목(Agaricales) 애주름버섯과(Mycenaceae) 애주름버섯속(Mycena)

형태적 특징 : 맑은애주름버섯의 갓은 지름이 2~5㎝ 정도로 처음에는 종형에서 반구형이나 성장하면서 편평형으로 되며, 종종 중앙이 볼록하기도 하다. 갓 표면은 건성이나, 습하면 다소 점성이 있고, 반투명의 선이 방사상으로 나타나며, 홍자색, 분홍보라색, 연한 보라색, 백색 등 다양한 색의 변화가 있다. 주름살은 끝붙은주름살형이며, 약간 빽빽하고, 회백색 또는 연한 자색이다. 대의 길이는 3~8㎝ 정도이며, 속은 비어 있고, 표면은 평활하고 갓의 색과 같다. 대 기부에는 균사가 밀포되어 있다. 생감자 냄새

가 난다. 포자문은 백색이며, 포자 모양은 긴 타원형이다.

: **발생 시기 및 장소** : 봄부터 가을까지 활엽수림 또는 침엽수림 내 낙엽 위에 홀로 또는 무리지어 발생한다.

: **식용 가능 여부** : 독버섯

: **분포** : 한국 등 전 세계

: **참고** : 생감자 냄새가 나고, 독 성분인 무스카린을 함유하므로 주의해야 한다.

: **영문명** : Lilac Bonner, Clean Mycena, Pink Mycena, Lilac Fairy Helmet, pink or lilac Mycena

1. 손거스러미형의 대 표면의 인피 2. 회백색 또는 연자색을 띠는 주름살

▲ 외피는 습하면 펼쳐지고 건조하면 안쪽으로 다시 감긴다.

먼지버섯

Astraeus hygrometricus (Pers.) Morgan

분류체계

담자균문(Basidiomycota) 주름버섯강(Agaricomycetes) 그물버섯목(Boletales) 먼지버섯과(Diplocystidiaceae) 먼지버섯속(Astraeus)

 : 먼지버섯의 자실체는 알 상태일 때 지름이 2~3㎝ 정도이며, 편평한 구형이고, 회갈색 또는 흑갈색이며, 절반은 땅속에 묻혀 있다. 성숙하면 두껍고 단단한 가죽질인 외피가 7~10개의 조각으로 쪼개져 별 모양으로 바깥쪽으로 뒤집어지고, 내부의 얇은 껍질로 덮인 공 모양의 주머니를 노출시킨다. 성숙하면 위쪽의 구멍으로 포자들을 비산시킨다. 별 모양의 외피는 건조하면 안쪽으로 다시 감기고, 외피가 찌그러지면서 포자의 방출을 돕는다. 포자는 구형이며, 갈색이다.

- **발생 시기 및 장소** : 봄부터 가을까지 숲 속이나 공터 등에 흩어져 발생한다.
- **식용 가능 여부** : 이용 가치가 적으나 약용으로 이용되기도 한다.
- **분포** : 한국 등 전 세계
- **영문명** : Barometer Earth Star, Water-measure Earthstar

1. 포자가 나오는 구멍   2. 별 모양의 외피   3. 포자가 방출된 자실체

▲ 외피가 갈라져 기본체가 노출된 자실체

목도리방귀버섯

Geastrum triplex Jungh.

분류체계

담자균문(Basidiomycota) 주름버섯강(Agaricomycetes) 방귀버섯목(Geastrales) 방귀버섯과(Geastraceae) 방귀버섯속(Geastrum)

: 형태적 특징 : 목도리방귀버섯의 지름은 3~4㎝ 정도이며, 구형이다. 외피는 황록색이며, 5~7조각의 별 모양으로 갈라진다. 갈라진 외피는 2개의 층으로 나뉘는데, 바깥층은 얇은 피질, 안층은 두꺼운 육질로 이루어져 있으며, 회백색의 내피가 뒤집어지면 포자가 포함된 기본체가 노출된다. 도토리 같은 기본체의 위쪽에는 구멍이 있는데 여기를 통해서 포자를 비산시킨다. 포자 모양은 구형이며, 표면에 침상 돌기가 있다.

- **발생 시기 및 장소** : 여름부터 가을까지 혼합림 내 낙엽, 부식질의 땅 위에 흩어져 발생한다.
- **식용 가능 여부** : 약용버섯
- **분포** : 한국 등 전 세계
- **영문명** : Collared Earth Star

1. 어린 자실체 2. 알 모양의 자실체를 반으로 잘랐을 때 확인이 가능한 포자
3. 기본체 위쪽의 구멍을 통해 포자를 날린다. 4. 도토리 모양의 자실체

▲ 귀 모양의 자실체로 젤라틴질이다.

목이

Auricularia auricula-judae (Bull.) Quél.

담자균문(Basidiomycota) 주름버섯강(Agaricomycetes) 목이목(Auriculariales) 목이과(Auriculariaceae) 목이속(Auricularia)

: **형태적 특징** : 목이의 크기는 2~10㎝ 정도이고, 주발 모양 또는 귀 모양 등 다양하며, 젤라틴질이다. 갓 윗면(비자실층)은 약간 주름져 있거나 파상형이며, 미세한 털이 있다. 색상은 홍갈색 또는 황갈색을 띠며, 노후되면 거의 검은색으로 된다. 갓 아랫면(자실층)은 매끄럽거나 불규칙한 간맥이 있고, 황갈색 또는 갈색을 띤다. 조직은 습할 때 젤라틴질이며, 유연하고 탄력성이 있으나, 건조하면 수축하여 굳어지며, 각질화된다. 자실체는 건조된 상태로 물속에 담그면 원상태로 되살아난다. 포자문은 백색이고, 포

▲ 탄력성이 있는 자실체

자 모양은 콩팥형이다.

: **발생 시기 및 장소** : 봄에서 가을 사이에 활엽수의 고목, 죽은 가지에 무리지어 발생한다.

: **식용 가능 여부** : 식용버섯

: **분포** : 한국 등 전 세계

: **참고** : 털목이와 유사하나 털목이는 갓 표면에 회백색의 거친 털이 있어 본 종과 구분된다. 목이는 '나무의 귀'라는 뜻이다.

: **영문명** : Tree-Ear

▲ 무리지어 발생하는 자실체

밀꽃애기버섯

Gymnopus confluens (Pers.) Antonín, Hilling & Noordel.

분류체계

담자균문(Basidiomycota) 주름버섯강(Agaricomycetes) 주름버섯목(Agaricales) 화경버섯과(Omphalotaceae) 꽃애기버섯속(Gymnopus)

형태적 특징 : 밀꽃애기버섯 갓의 지름은 0.8~3㎝ 정도이며, 초기에는 반반구형이나 성장하면서 편평형이 되고, 종종 끝이 위로 반전된다. 중앙 부위는 배꼽 모양으로 들어가거나 돌출되는 경우도 있다. 표면은 매끄러우며, 적갈색으로 다소 주름져 있고, 성장하면서 옅은 황갈색 또는 거의 백색으로 퇴색된다. 이때 중앙 부분은 암색으로 주변보다 짙다. 주름살은 대에 끝붙은주름살형이며, 좁고 빽빽하며, 분홍백색을 띤다. 대의 길이는 3~5㎝ 정도이고, 원통형이며, 위아래 굵기가 비슷하고, 종종 편압되어

있다. 속은 차 있으나 점차 빈다. 포자문은 백색 또는 옅은 황색이며, 포자 모양은 긴 타원형이다.

- **발생 시기 및 장소** : 여름부터 가을까지 혼합림 내 낙엽 위에 무리지어 발생한다.
- **식용 가능 여부** : 식용 가능하며, 맛과 향이 부드럽다.
- **분포** : 한국, 북반구 일대, 아프리카, 유럽
- **참고** : 주름살이 좁고 빽빽하며, 대의 표면에 미세한 털이 밀포되어 있다.

1. 대 표면에 면모상 털이 밀포되어 있다. 2. 중앙 부분이 암색으로 주변보다 짙다. 3. 낙엽에 무리지어 발생하는 자실체

밀꽃애기버섯

▲ 반반구형의 갓을 가진 황색의 자실체

배젖버섯

Lactarius volemus (Fr.) Fr.

분류체계

담자균문(Basidiomycota) 주름버섯강(Agaricomycetes) 무당버섯목(Russulales) 무당버섯과(Russulaceae) 젖버섯속(Lactarius)

 **형태적 특징**: 배젖버섯의 갓은 지름이 5~12㎝ 정도이며, 처음에는 반반구형이며 갓 끝이 안쪽으로 굽어 있으나 성장하면서 갓 끝이 펴지고 중앙이 들어간 깔때기 모양이 된다. 갓 표면은 매끄럽거나 가루 같은 것이 있으며, 황갈색을 띤다. 조직은 백색이며 상처를 주면 백색의 유액이 나오고 후에 갈색으로 변한다. 주름살은 내린주름살형이 며 다소 빽빽하고, 백색 또는 연한 황색이며, 상처를 주면 백색의 유액이 다량 분비되 며, 후에 갈색으로 변한다. 대의 길이는 3~10㎝ 정도이고, 원통형으로 아래쪽이 가늘

다. 유액의 맛은 자극적이지 않다. 대의 표면은 갓과 같은 색을 띤다. 포자문은 백색이고, 포자 모양은 구형이며 표면에 망목이 있다.

: **발생 시기 및 장소** : 여름부터 가을까지 활엽수림의 땅 위에 홀로 나거나 무리지어 발생하며 나무 뿌리와 공생하는 균근성 버섯이다.

: **식용 가능 여부** : 식용버섯

: **분포** : 한국, 북반구 온대 이북

: **참고** : 북한명은 젖버섯이다.

: **영문명** : Fishy Milk Cap, Orange-red Lactarius, Tawny Milkcap, apricot milkcap

1. 빽빽한 연한 황색의 주름살 2. 유액의 양은 많고 맛은 부드럽다.
3. 깔때기 모양의 성숙한 갓 4. 활엽수림 내 무리지어 발생

▲ 대 기부에 분질상 띠를 이루는 외피막의 흔적

뱀껍질광대버섯

Amanita spissacea S. Imai

 분류체계

담자균문(Basidiomycota) 주름버섯강(Agaricomycetes) 주름버섯목(Agaricales) 광대버섯과(Amanitaceae) 광대버섯속(Amanita)

: 형태적 특징 : 뱀껍질광대버섯의 갓은 4~12.5cm로 반구형 또는 반반구형이나 성장하면 편평형 또는 중앙오목편평형으로 된다. 표면은 건성이고 갈회색, 암회갈색 또는 암갈색 바탕에 암갈색이나 흑갈색의 크고 작은 각추상 또는 사마귀상 분질돌기가 동심원상으로 산재되어 있다. 종종 갓 끝에 내피막 잔유물이 부착되어 있다. 조직은 두껍고 백색이며 육질형이다. 주름살은 떨어진주름살이며 약간 빽빽하고, 주름살날은 약간 분질상이다. 대의 길이는 5.5~16.5cm로 원통형이고, 기부는 구근상(1.6~3.3cm)이

다. 표면은 백색이고, 턱받이 아래쪽은 회색 또는 회갈색의 섬유상의 인편이 있으며, 구근상 바로 위에 2~5개의 불완전한 흑갈색의 분질상 띠가 있다. 턱받이는 막질형이며 윗면에 방사상의 가는 홈선이 있고, 턱받이 가장자리는 흑갈색의 분질 띠가 있다. 포자문은 백색이고, 포자 모양은 넓은 타원형 또는 유구형이며 아밀로이드이다.

: **발생 시기 및 장소** : 여름과 가을에 주로 침엽수림, 활엽수림 또는 혼합림의 지상에서 소수 무리지어 발생한다.

: **식용 가능 여부** : 독버섯

: **분포** : 한국, 일본, 중국

1. 사마귀상 분질돌기가 동심원상을 이루는 갓   2. 백색의 다소 촘촘한 주름살
3. 중앙오목편평형인 성장한 갓   4. 무리지어 발생하는 자실체

뱀껍질광대버섯

▲ 옻칠을 한 것과 같은 광택이 있는 자실체

불로초(상품명: 영지)

Ganoderma lucidum (Curtis) P. Karst.

분류체계

담자균문(Basidiomycota) 주름버섯강(Agaricomycetes) 구멍장이버섯목 (Polyporales) 불로초과(Ganodermataceae) 불로초속(Ganoderma)

: 형태적 특징 : 불로초 갓의 지름은 5~20㎝이고, 두께는 1~3㎝ 정도이며, 원형 또는 콩팥형이다. 버섯 전체가 옻칠을 한 것처럼 광택이 난다. 표면은 적갈색이고, 갓 둘레는 생장하는 동안은 광택이 나는 황색이며, 동심원상의 얕은 고리 홈선이 있다. 조직은 단단한 목질로 2층으로 되어 있으며, 상층은 백색이고 아래층은 갈황색이다. 관공은 1층이며, 길이는 0.5~1㎝ 정도이며, 관공구는 원형이다. 대의 길이는 2~10㎝ 정도이며, 검은 적갈색으로 휘어져 있으며, 측생이다. 포자문은 갈색이고, 포자 모양은

1. 갓이 형성되지 않은 어린 자실체 2. 편심형의 갓 3. 담황색의 관공 4. 적갈색의 갓

난형이다.

: **발생 시기 및 장소** : 여름부터 가을까지 활엽수의 생목 밑동이나 그루터기 위에 무리 지어 나거나 홀로 발생하며 부생생활을 한다.

: **식용 가능 여부** : 약용과 항암작용이 있고, 농가에서 재배되고 있다.

: **분포** : 한국, 일본, 중국 등 북반구 온대 이북

: **영문명** : Varnished Polypore, Ling Chih, reishi

▲ 연필심 모양의 돌기가 난 갓

붉은꼭지외대버섯

Entoloma quadratum (Berk. & M. A. Curtis) E. Horak

분류체계

담자균문(Basidiomycota) 주름버섯강(Agaricomycetes) 주름버섯목(Agaricales) 외대버섯과(Entolomataceae) 외대버섯속(Entoloma)

: **형태적 특징** : 붉은꼭지외대버섯의 갓은 크기가 1~5㎝로 초기에는 원추형 또는 원추상종형이나 성장하면 원추상반반구형으로 되며, 대부분 갓의 중앙부위에 연필심 모양의 뾰족한 돌기가 있으나 드물게는 떨어져 없다. 표면은 평활하고, 건사상 광택이 나며, 습할 때 등황적색을 띠고, 반투명선이 나타나며, 건조하면 옅은 황적색 또는 옅은 적황색으로 퇴색되고, 건변색 현상이 나타난다. 조직은 옅은 황적색으로 얇고, 잘 부서지며, 냄새는 불분명하고, 맛은 부드럽다. 주름살은 대에 완전붙은주름살 또는 끝붙

1. 견사상 광택이 있는 갓 2. 분홍색의 포자를 갖는 자실체 3. 위아래 굵기가 같은 대

은주름살이며, 성글고, 편복형이며, 폭은 넓고, 초기에는 적황색 또는 황백색을 띠나 성장하면 육색을 띠며, 주름살날은 불규칙하게 갈라지고, 주름살 옆면과 같은 색을 띤다. 짧은 주름살은 3가지형이다. 대는 크기가 1.5~7.5㎝로 원통형이고, 위아래 굵기가 비슷하거나 기부 쪽이 다소 가늘며, 종종 뒤틀려 있거나, 굽어 있고, 종종 편압되어 있다. 표면은 평활하고, 견사상 광택이 나며, 갓과 같은 황적색이고, 종으로 섬유상선이 있으며, 기부는 백색이다. 속은 비어 있다.

포자 모양은 4각형(6면체)이고, 표면은 평활하다. 포자문은 황토갈색이다.

: **발생 시기 및 장소** : 여름부터 가을 사이에 혼합림 내 지상에 흩어져 나거나, 홀로 또는 소수 무리지어 발생하는 외생균근균이다. 국내에서 종종 발생한다.

: **식용 가능 여부** : 독버섯

: **분포** : 한국, 일본, 중국, 러시아 연해, 북아메리카, 유럽, 인도네시아

: **참고** : 본 종은 전체가 황적색을 띠고 갓의 중앙부위에 연필심 모양의 돌기가 있으며, 포자가 4각형(6면체)이란 점에서 특징적이며, 특히 한국 등 극동아시아에서 흔하게 발생하는 종이다. 자실체가 성숙한 후에 퇴색되면 노란꼭지외대버섯과 혼동할 수가 있다.

▲ 대 기부까지 뚫린 자실체

비단털깔때기버섯

Clitocybe alboinfundibuliformis Seok, Yang S. Kim, K. M. Park, W. G. Kim, K. H. Yoo & I. C. Park

분류체계

담자균문(Basidiomycota) 주름버섯강(Agaricomycetes) 주름버섯목(Agaricales) 송이과(Tricholomataceae) 깔때기버섯속(Clitocybe)

형태적 특징: 비단털깔때기버섯의 갓은 크기가 2.2~5.6㎝이고, 깔때기형이며, 대부분 대 기부까지 홈이 관통되어 있고, 갓 끝은 상당 기간 동안 안쪽으로 말려 있으며, 파상(undulate) 또는 불규칙한 꽃잎형이다. 표면은 순백색이고 편평하며 매끄럽고, 견사상(비단상) 광택이 나며, 종종 갓 끝 부위는 방사상으로 불규칙한 주름이 있다. 조직은 얇고, 백색이며, 향기는 불분명하고, 맛은 부드럽다. 주름살은 대에 긴 내린주름살이고, 다소 성글며, 좁고, 순백색이나 성장 후에는 다소 담황색으로 퇴색된다. 대는 크

기가 2.8~4.8㎝이고, 원통형이며, 위아래 굵기가 비슷하거나 기부 쪽이 다소 가늘다. 표면은 평활하고, 백색을 띠며, 성장 후에는 담황색으로 퇴색된다. 속은 비어 있다. 포자문은 백색이고, 포자 모양은 타원형 또는 눈물형이고, 표면은 평활하며, 멜저용액에서 비아밀로이드이다.

- **발생 시기 및 장소** : 여름부터 가을까지 혼합림 내 지상의 부식질이 풍부한 곳 또는 낙엽이 쌓인 곳에 소수 무리지어 발생하며 깔때기비단털버섯(*Volvariella surrecta*)과 공생한다.
- **식용 가능 여부** : 불명
- **분포** : 한국
- **참고** : 본 종은 갓 표피 상층에 풍선형의 팽대세포가 산재해 있으므로 깔때기버섯속 중에서 *Sect. Bulluiferae* Sing.에 속하며, 표준종(type species) *C. hydrogramma* (Bull.:Fr.) Kummer와 유사하나, 자실체 전체가 순백색이고, 깔때기형으로 대부분 대 기부까지 홈이 관통되어 있으며, 특히 *Vovariella koreana*와 함께 발생한다는 점에서 특징적이다. 한국 특산 종(endemic species)으로 생각되며, 경기도 여기산, 강원도 치악산, 청양 칠갑산 등지에서 발견되었다.

1. 대에 긴 내린주름살을 가진 자실체 2. 무리지어 발생한 자실체

▲ 양파 모양의 구근상의 대주머니

비탈광대버섯

Amanita abrupta Peck

담자균문(Basidiomycota) 주름버섯강(Agaricomycetes) 주름버섯목(Agaricales) 광대버섯과(Amanitaceae) 광대버섯속(Amanita)

: 형태적 특징 : 비탈광대버섯의 갓은 지름이 3.5~7.5cm로 반구형 또는 유구형이나 성장하면 반반구형, 편평상반반구형 또는 편평형으로 된다. 초기에는 갓 끝에 백색의 내피막 잔유물이 부착되어 있다. 표면은 건성이고 백색 또는 유백색이나 종종 옅은 갈색으로 퇴색되며, 평활하고 방사상의 선은 없으며, 사마귀상이나 피라미드상의 돌기가 부착되어 있으나 쉽게 떨어져 나간다. 조직은 두껍고 육질형이며, 백색이다. 주름살은 떨어진주름살이고 빽빽하며, 주름살날은 분질상이다. 대의 길이는 7.2~13.6cm로

1. 피라미드상의 돌기가 있는 갓 2. 쉽게 떨어지는 막질의 턱받이

원통상이고, 기부는 양파 모양의 구근상이다. 표면은 손거스러미상 인피가 있으며, 대 기부의 구근상 위에 일반적으로 갓과 같은 사마귀점 돌기가 산재해 있다. 턱받이는 백색이고 막질이며, 윗면에 방사상의 홈선이 있고, 영존성이다. 포자문은 백색이고, 포자 모양은 구형 또는 유구형이고, 아밀로이드이다.

- **발생 시기 및 장소** : 여름과 가을에 참나무류, 침엽수림 또는 혼합림 내 지상에 홀로 또는 흩어져 발생하는 외생균근균이며 발생 빈도가 낮다.
- **식용 가능 여부** : 독버섯(맹독성). 버섯 1~3개(50g)가 치명적인 용량의 아마톡신(amatoxin)을 함유한다. 열에도 매우 안정하여 끓여도 독 성분이 사라지지 않는다.
- **분포** : 한국, 일본, 북아메리카

▲ 갓이 흑갈색을 띤 미세한 주름이 있는 자실체

삼색도장버섯

Daedaleopsis tricolor (Bull.) Bondartsev & Singer

분류체계

담자균문(Basidiomycota) 주름버섯강(Agaricomycetes) 구멍장이버섯목(Polyporales) 구멍장이버섯과(Polyporaceae) 도장버섯속(Daedaleopsis)

: 형태적 특징 : 삼색도장버섯 갓의 지름은 2~8㎝이며, 두께는 0.5~0.8㎝ 정도이고, 반원형 또는 편평한 조개껍데기 모양이다. 갓 표면은 흑갈색이나 다갈색 또는 자갈색 등의 좁은 고리 무늬와 방사상의 미세한 주름이 있다. 조직은 회백색 또는 백황색이며, 가죽처럼 질기다. 갓 밑면의 자실층은 방사상으로 배열된 주름상이며, 주름살날은 불규칙한 톱니 모양이고, 처음에는 회백색이나 점차 회갈색으로 된다. 대는 없고, 갓의 한 끝이 기주에 부착되어 있다. 포자문은 백색이고, 포자 모양은 원통형이다.

- **발생 시기 및 장소** : 1년 내내 고목이나 죽은 나무에 무리지어 발생하며, 부생생활로 목재를 썩힌다. 여러 개가 기왓장 모양으로 겹쳐서 발생한다.
- **식용 가능 여부** : 목재부후균으로 목재를 분해하여 자연으로 환원시킨다. 견고성이 없고 작아서 식용 가치가 없다.
- **분포** : 한국 등 전 세계
- **참고** : 북한명은 밤색주름조개버섯이다. 관공이 주름살 형태이지만 구멍장이버섯과에 속한다.

1. 원형의 자실체 2. 자실층은 방사상으로 배열된 주름상이다.
3. 불규칙한 톱니형의 주름살날 4. 다양한 색의 고리 무늬의 갓

▲ 원추형의 갓

삿갓땀버섯

Inocybe asterospora Quél.

 분류체계

담자균문(Basidiomycota) 주름버섯강(Agaricomycetes) 주름버섯목(Agaricales) 땀버섯과(Inocybaceae) 땀버섯속(Inocybe)

: 형태적 특징 : 삿갓땀버섯의 갓은 2.5~4.5㎝로 원추형이나 성장하면 종형 또는 중앙 볼록편평형이 된다. 표면은 건성이며 적갈색, 회갈색 또는 갈색을 띠고 평활하나 성장하면 섬유질의 표피가 방사상으로 갈라져 방사상의 섬유질선이 나타나고, 갈라진 사이로 백색의 조직이 보인다. 조직은 백색이고 밤꽃 냄새가 난다. 주름살은 완전붙은주름살 또는 끝붙은주름살이며 약간 빽빽하고 담회베이지색이나 성장하면 적갈색 또는 회갈색을 띠며, 주름살날은 백색의 분질상이다. 대는 4.5~7.6㎝로 원통형이며, 기부

는 테두리구근형(marginate bulb)이고 견사상 광택이 나며 맑은 갈색, 황갈색, 적갈색을 띠며, 전체에 미세한 백색 분질물이 있다. 포자문은 암갈색이며, 포자 모양은 유구형이며 별 모양의 큰 돌기가 있다.

- **발생 시기 및 장소** : 여름과 가을에 활엽수림 나거나 침엽수림의 지상에 홀로 나거나 소수 무리지어 발생하며 드물게 발견된다.

▲ 혼합림 내 토양에 발생

- **식용 가능 여부** : 독버섯
- **분포** : 한국, 일본, 아시아, 유럽, 북아메리카, 북아프리카
- **참고** : 독성분으로 무스카린을 함유하여 발한, 침흘림, 동공축소, 서맥 등의 증상이 나타난다.
- **영문명** : Star-spored Fiber Cap

1. 방사상의 섬유상선이 있는 갓 2. 담회베이지색의 주름살

▲ 활엽수림 내 지상에 발생하는 자실체

삿갓외대버섯

Entoloma rhodopolium (Fr.) P. Kumm.

분류체계

담자균문(Basidiomycota) 주름버섯강(Agaricomycetes) 주름버섯목(Agaricales) 외대버섯과(Entolomataceae) 외대버섯속(Rhodophyllus)

: 삿갓외대버섯의 갓은 지름이 3~8㎝ 정도로 처음에는 종형이나 성장하면서 볼록편평형이 된다. 갓 표면은 매끄럽고, 습하면 회색 또는 회황토색을 띠고 반투명선이 나타난다. 건조하면 연한색으로 퇴색되고, 비단상의 광택이 난다. 조직은 백색이며 얇다. 주름살은 완전붙은주름살형이나 성장하면서 끝붙은주름살형이 되고, 약간 빽빽하며, 처음에는 백색이나 점차 연한 분홍색이 된다. 대의 길이는 5~10㎝ 정도이며, 원통형이고, 위아래 굵기가 비슷하거나 위쪽이 가늘다. 대의 속은 비어 있으며,

표면은 백색이다. 포자문은 연한 분홍색이며, 포자 모양은 다면체이다.

발생 시기 및 장소 : 여름부터 가을까지 활엽수림 내 땅 위에 홀로 또는 흩어져서 발생한다.

식용 가능 여부 : 독버섯

분포 : 한국, 일본, 북아메리카, 북반구 일대

참고 : 식용버섯인 외대덧버섯, 느타리와 형태적으로 유사하므로 주의하여야 한다.

영문명 : Woodland Pink Gill, rosy Entoloma

1. 건조 시 비단상 광택이 있는 갓　2. 분홍색의 주름살　3. 백색의 대 표면　4. 포자를 형성하는 빽빽한 주름산층

▲ 비틀려 있고 세로로 섬유상 선이 있는 대

색시졸각버섯

Laccaria vinaceoavellanea Hongo

분류체계

담자균문(Basidiomycota) 주름버섯강(Agaricomycetes) 주름버섯목(Agaricales) 졸각버섯과(Hydnangiaceae) 졸각버섯속(Laccaria)

: 형태적 특징 : 색시졸각버섯의 갓은 지름이 3~8㎝ 정도로 처음에는 중앙오목반반구형이나 성장하면서 중앙오목편평형으로 된다. 갓 표면은 매끄럽거나 종종 중앙 부위에 비듬상 인편이 있으며, 습할 때 반투명선이 있고, 갓 주변에는 방사상의 주름선이 있으며, 옅은 황갈색이다. 조직은 얇고 탄력성이 있으며, 옅은 살색을 띤다. 주름살은 대에 짧은 내린주름살형이며, 성글고, 갓과 같은 색을 띠며, 주름살 끝은 매끄럽다. 대의 길이는 4~9㎝ 정도이고 원통형이며, 위아래 굵기가 비슷하거나 아래쪽이 굵고, 종

종 비틀려 있다. 대 표면은 건성이고, 세로로 섬유질의 선이 있고, 갓과 같은 살색을 띠며, 기부는 다소 유백색을 띠고, 탄력성이 있으며 속은 차 있다. 포자문은 백색이며, 포자 모양은 구형이다.

- **발생 시기 및 장소** : 여름부터 가을까지 혼합림 내 땅 위에 홀로 나거나 무리지어 발생한다.
- **식용 가능 여부** : 식용버섯
- **분포** : 한국, 일본
- **참고** : 졸각버섯과 유사하나, 버섯 크기가 크고 포자가 구형이라는 점이 다르다.

1. 갓 끝이 반전된 성숙한 자실체 2. 갓 중앙부는 오목하다. 3. 표면에 방사상 홈선이 있는 갓

색시졸각버섯

▲ 포자를 싸고 있는 분지가 갈라지기 전의 자실체

세발버섯

Pseudocolus fusiformis (E. Fisch.) Lloyd

 분류체계

담자균문(Basidiomycota) 주름버섯강(Agaricomycetes) 말뚝버섯목(Phallales) 말뚝버섯과(Phallaceae) 세발버섯속(Pseudocolus)

: 형태적 특징 : 세발버섯의 자실체는 어릴 때 백색의 알 모양의 유균에서 생성된다. 알 속에 1개의 자실체가 성장하면서 3~4개 가닥으로 나누어지며 끝은 결합되어 있다. 성숙한 자실체의 갈라진 분지는 연한 황색 또는 주황색이고, 안쪽에는 갈색 또는 흑갈색의 점액질이 있다. 점액질에서는 심한 악취가 난다. 분지 아래쪽은 원통형으로 속이 비어 있으며, 백색이고, 상단의 분지보다 짧다. 대 기부에 백색의 대주머니가 있다. 포자는 현미경 하에서 무색이며, 긴 타원형이다.

1. 알 속의 자실체 2. 백색의 자실체 3. 암갈색의 냄새나는 포자를 분지 안쪽에 가지고 있는 자실체 4. 기부의 균사속

: **발생 시기 및 장소** : 봄부터 가을까지 산림 내 부식질이 많은 땅 위에 홀로 나거나 무리지어 발생하며 부생생활을 한다.

: **식용 가능 여부** : 어린 알일 때 식용버섯

: **분포** : 한국 등 전 세계

: **참고** : 유균은 난형이고, 기부에 대주머니가 있다.

▲ 울퉁불퉁한 갓의 표면

수원그물버섯

Boletus auripes Peck

담자균문(Basidiomycota) 주름버섯강(Agaricomycetes) 그물버섯목(Boletales) 그물버섯과(Boletaceae) 그물버섯속(Boletus)

: **형태적 특징** : 수원그물버섯의 갓은 크기가 3.2~12㎝로 성장 초기는 반구형이나 성숙하면 반반구형 또는 편평형으로 되며, 표면은 불규칙하게 울퉁불퉁하고, 건성이지만 습하면 약간 점성이 있다. 초기에는 암자색이나 성장하면 옅은색으로 되며 황색, 올리브색, 올리브갈색의 반점이 나타난다. 조직은 두껍고 백색이나 후에 옅은 황색 또는 옅은 황갈색이 되며, 상처를 입어도 변하지 않는다. 맛과 향기는 부드럽다. 관공은 대에 홈관공형으로, 초기에는 백색이나 성숙하면 황색 또는 황갈색으로 변한

다. 관공구는 작고 원형이며, 초기에는 백색 균사로 싸여 있으나, 성장하면 관공구가 나타나며, 성장하면 황색 또는 황갈색이 된다. 대의 크기는 4.5~11㎝로 원통형이며, 위아래 굵기가 비슷하거나 종종 하부 쪽이 굵다. 표면은 건성이고, 암자갈색이며, 땅속에 있는 기부는 백색이고, 특히 상부 또는 전면에 백색 또는 담자색의 돌출된 종으로 길게 늘어난 망목이 현저하다. 포자문은 올리브갈색이며, 포자 모양은 유방추형이며 평활하다.

: **발생 시기 및 장소** : 여름부터 가을까지 활엽수림 또는 참나무류와 소나무류의 혼합림 내 지상에 2~4개씩 홀로 나거나 무리지어 발생하며 균근형성균이다.

: **식용 가능 여부** : 식용버섯

: **분포** : 한국, 일본, 중국, 북아메리카

: **참고** : 본 종은 자실체가 비교적 크며 갓과 대가 암자색이고, 갓의 표면은 울퉁불퉁하다. 대 표면은 백색 또는 갓과 같은 색이고 현저하게 돌출된 망목이 있으며, 조직은 백색으로 상처를 입어도 변색되지 않는다는 점에서 특징적이고, 다른 종과 쉽게 구별된다.

1. 황색의 반반구형의 갓   2. 황갈색의 관공   3. 황색의 조직   4. 작고 원형인 관공구

▲ 황색을 띤 자실층

아까시흰구멍버섯

Perenniporia fraxinea (Bull.) Ryvarden

분류체계

담자균문(Basidiomycota) 주름버섯강(Agaricomycetes) 구멍장이버섯목(Polyporales) 구멍장이버섯과(Polyporaceae) 흰구멍버섯속(Perenniporia)

: 형태적 특징 : 아까시흰구멍버섯은 1년생으로 갓은 지름이 5~20㎝, 두께가 1~2㎝ 정도이고, 처음에는 반구형이며 연한 황색 또는 난황색의 혹처럼 덩어리진 모양으로 발생하였다가 성장하면서 반원형으로 편평해진다. 갓 표면은 적갈색이나 차차 흑갈색이 되며, 각피화된다. 갓 가장자리는 성장하는 동안 연한 황색이고, 환문이 있다. 조직은 코르크질이고 연한 황갈색이다. 자실층은 황색에서 회백색으로 되며, 상처를 입으면 검은 갈색의 얼룩이 생긴다. 관공은 1개의 층으로 형성되며, 길이는 0.3~1㎝ 정도이

고, 관공구는 원형으로 조밀하다. 포자문은 백색이며, 포자 모양은 난형이고 두꺼운 벽을 가지고 있다.

: **발생 시기 및 장소** : 봄부터 가을까지 벚나무, 아까시나무 등 활엽수의 살아 있는 나무 밑동에 무리지어 발생하며, 목재를 썩히는 부생생활을 한다.

: **식용 가능 여부** : 약용버섯

: **분포** : 한국, 일본 등 북반구 온대 이북

: **참고** : 1년생 버섯으로 주로 아까시나무에 피해를 준다.

▲ 흰색을 띤 갓 가장자리

1. 복생을 하고 있는 자실체 2. 활엽수 그루터기에 자생

▲ 황토갈색의 갓과 대

애기볏짚버섯

Agrocybe arvalis (Fr.) Singer

담자균문(Basidiomycota) 주름버섯강(Agaricomycetes) 주름버섯목(Agaricales) 포도버섯과(Strophariaceae) 볏짚버섯속(Agrocybe)

: 형태적 특징 : 애기볏짚버섯의 갓은 크기가 1.1~3.2㎝이고, 초기 모양은 반구형이나 후에 반반구형 또는 편평상반반구형으로 된다. 표면은 평활하며 습할 때 다소 미끄럽거나 점성이 있고, 황토색이나 황토갈색을 띤다. 종종 중앙부에 방사상의 잔주름이 있으며 주변부에는 습할 때 가는 선이 나타나기도 한다. 조직은 다소 얇으며 쓴맛이 난다. 주름살은 대에 완전붙은주름살 또는 끝붙은주름살로 암갈색으로 변한다. 대는 크기가 0.3~1㎝로 원통형이고, 위아래 굵기가 비슷하나 종종 기부 쪽이 굵다. 대 상부

1. 균핵의 단면 2. 대 기부에 부착된 균핵 3. 반반구형의 갓

의 표면은 유백색 또는 담황백색이고, 하부는 황토색이며 대 기부 쪽으로 긴 뿌리가 있고 땅속으로 들어가 있으며, 흑갈색의 연한 균핵이 매달려 있다. 균핵은 반으로 자르면 흰색의 전분 덩어리가 보인다. 포자문은 암갈색이며, 포자 모양은 타원형이다.

: **발생 시기 및 장소** : 이른 봄부터 가을까지 유기물이 풍부한 토양이나 화전지, 초지, 도로변 등에 무리지어 발생한다.

: **식용 가능 여부** : 식용버섯

: **분포** : 한국, 유럽, 아시아, 아프리카

▲ 연회색을 띠는 자실체

애우산광대버섯

Amanita farinosa Schwein.

담자균문(Basidiomycota) 주름버섯강(Agaricomycetes) 주름버섯목(Agaricales) 광대버섯과(Amanitaceae) 광대버섯속(Amanita)

: **형태적 특징** : 애우산광대버섯의 갓은 3.3~6.7㎝ 정도로 유구형 또는 반구형이나 성장하면 반반구형으로 되거나 편평형으로 펴진다. 표면은 건성이며 옅은 회색 또는 갈회색이고, 회색의 분질물로 덮여 있으나 분질물은 쉽게 소실된다. 갓 주변에 방사상의 홈선이 있다. 주름살은 떨어진주름살이고 약간 빽빽하거나 약간 성글며, 주름살날은 분질상이다. 대는 3.2~7.5㎝로 원통형이며 기부가 약간 팽대하여 구근상을 이루고, 표면은 유백색 또는 옅은 회색을 띠며 갓과 동일한 분질물이 피복되어 있으나 쉽게 소

실된다. 턱받이는 없다. 포자문은 백색이며, 포자 모양은 유구형이며 멜저용액에서 비아밀로이드이다.

- **발생 시기 및 장소** : 여름과 가을에 적송 또는 침엽수와 참나무류의 혼합림 지역의 지상에서 흩어져 발생한다.
- **식용 가능 여부** : 독버섯
- **분포** : 한국, 일본, 중국, 뉴질랜드, 북아메리카
- **참고** : 애우산광대버섯은 광대버섯류 중에서 자실체가 비교적 작고 갓과 대 기부에 회색의 분질물이 덮여 있으며, 대 기부는 구근상으로 팽대하므로 쉽게 구별된다. 위장계와 신경계 중독을 일으킨다.
- **영문명** : Powder-cap Amanita, Mealy Cap

1. 분질상의 외피막 흔적이 있는 갓 2. 반구형의 갓 3. 백색의 주름살 및 대 기부의 분질상 외피막 흔적

▲ 긴 대를 가지고 있는 자낭반

오디균핵버섯

Ciboria shiraiana (Henn.) Whetzel

  분 류 체 계

자낭균문(Ascomycota) 두건버섯강(Leotiomycetes) 고무버섯목(Helotiales) 균핵버섯과(Sclerotiniaceae) 양주잔버섯속(Ciboria)

: 형태적 특징 : 오디균핵버섯의 균핵은 땅 위나 땅 속의 오디에 부착되어 발생한다. 균핵의 모양은 부정형으로 매우 다양하며 검은색을 띤다. 자낭반은 1개의 균핵으로부터 1개 또는 여러 개를 발생시키며 일반적으로 긴 대를 가지고 있다. 자낭반은 초기에는 곤봉상이나 상부가 천천히 열린 후 컵 모양이 되며, 지름이 0.8~2.3㎝이고, 담적갈색 또는 갈색이며, 오목한 술잔형태이나 후에 평평한 술잔형으로 변한다. 자낭반의 조직은 고무질이다. 외층은 같은색의 분질이 분포되어 있다. 대는 길이가 0.8~3.5㎝이고

직선형이거나 구부러진형이다. 자낭은 원통형 또는 곤봉상 원통형이다. 자낭의 크기는 150~200×7.7~12㎛이며, 자낭포자는 8개를 내생한다. 자낭포자는 타원형, 난형이며 무색이고, 크기는 9~12×6.1~7.5㎛이다.

발생 시기 및 장소 : 봄부터 초여름 사이에 산뽕나무, 뽕나무 주변의 검은색의 오디에서 자생한다. 산뽕나무, 뽕나무 오디에 감염되는 병원균성 버섯으로 오디를 미이라로 만든 후에 오디에 자생한다. 처음 감염된 오디는 과육이 부풀면서 회백색으로 변색되어 팝콘처럼 변한다. 팝콘 형태의 오디는 지상부로 떨어진 후 월동기간 동안 딱딱하고 검은색 균핵으로 변하였다가 월동한 균핵으로부터 양주잔 모양의 자낭반이 형성된다.

식용 가능 여부 : 불명

분포 : 한국, 일본, 동아시아

1. 미이라 형태의 오디 2. 오디를 감싸고 나오는 자실체 3. 고무질의 자낭반

오디균핵버섯 • 147

▲ 연골질의 대 모습

원반버섯

Discina ancilis (Pers.) Sacc.

자낭균문(Ascomycota) 주발버섯강(Pezizomycetes) 주발버섯목(Pezizales) 원반버섯과(Discinaceae) 원반버섯속(Discina)

: 형태적 특징 : 원반버섯 자낭반의 크기는 3.5~15㎝로 초기에는 컵 모양이나 곧 편평하게 퍼지고, 종종 갓 끝 부위가 파상형으로 위로 반전되어 있다. 상면의 자실층은 갈색 또는 적갈색을 띠며 요철상이고 종종 주름상이다. 불임성 부위인 하면은 유백색 황토색 또는 담분홍색이고, 종종 분지나 간맥이 있다. 대의 길이는 1.2~3㎝이고 굵기는 0.5~0.8㎝로 짧으며 뭉툭하고 홈주름상이며, 연골질이고 속은 차 있다. 포자는 타원형 또는 방추형이고 표면에 미세한 사마귀상 돌기가 있으며, 성장 후에 미세한 망목이

있고 양쪽 끝에 무색의 뾰족한 돌기가 있으며, 2~3개의 수포가 있다. 자낭은 멜저용액에서 비아밀로이드이며, 8개의 자낭포자가 있다. 측사는 사상형이고 격막이 있으며, 정단 부위는 다소 곤봉상이고 갈색 입자가 있다.

발생 시기 및 장소 : 봄부터 초여름까지 침엽수림 내의 부식질이 풍부한 지상 또는 고사목, 잘 썩거나 땅속에 매몰된 나무 위에 홀로 나거나 소수 무리지어 발생하는 부후균이다. 국내에서 드물게 발생한다.

식용 가능 여부 : 독버섯

분포 : 한국, 일본, 유럽, 북아메리카

참고 : 오한, 위통, 구토, 설사, 타액분비 등 위장계 및 신경계 중독을 일으킨다.

1. 송화가루가 날릴 때 자실체가 발생하므로 유황색의 분질물이 묻어 있음
2. 갈색의 요철상 주름이 있는 갓   3. 컵 모양의 자실체   4. 유백색의 자실체 하면

▲ 이끼에 단생하는 자실체

이끼버섯

Rickenella fibula (Bull.) Raithelh.

분 류 체 계

담자균문(Basidiomycota) 주름버섯강(Agaricomycetes) 소나무비늘버섯목(Hymenochaetales) 이끼버섯과(Repetobasidiaceae) 이끼버섯속(Rickenella)

: 형태적 특징 : 패랭이버섯의 갓은 지름이 0.4~1.5㎝ 정도로 처음에는 종형 또는 반구형이나 성장하면서 가운데가 오목한 편평형이 된다. 갓 표면은 등황색 또는 등황적색이며, 가운데는 진한 색을 띠고, 가장자리는 연한 색을 띤다. 갓 가장자리는 성숙하면 파상형의 무늬가 나타나며, 건조하면 건성이나 습하면 점성이 있고, 반투명선이 나타난다. 주름살은 내린주름살형이고, 성기고, 연한 황색이다. 조직은 연약해서 쉽게 부서진다. 대의 길이는 2~5㎝ 정도이며, 연한 황색을 띠고, 속은 비어 있다. 포자문은

백색이며, 포자 모양은 긴 타원형이다.

발생 시기 및 장소 : 봄부터 가을까지 숲 속이나, 정원 등 이끼가 많은 곳에 홀로 나거나 무리지어 발생한다.

식용 가능 여부 : 불명

분포 : 한국, 북반구 온대

참고 : 매우 아름다운 버섯 중 하나이며, 이끼가 잘 자라는 환경에서 볼 수 있는 버섯이다.

1. 황색의 자실체 2. 내린주름살형 자실층 3·4·5. 종형의 갓을 가진 자실체

▲ 끝이 뾰족한 원통형의 자실체

자주국수버섯

Clavaria purpurea (Fr.) Donk

담자균문(Basidiomycota) 주름버섯강(Agaricomycetes) 주름버섯목(Agaricales) 국수버섯과(Clavariaceae) 국수버섯속(Clavaria)

: **형태적 특징** : 자주국수버섯의 자실체는 2.5~7.8㎝로 끝이 뾰족한 원통형, 긴방추형, 또는 국수모양이며, 대부분 중앙부위가 굵고, 기부와 정단부위가 가늘며, 종종 부추모양으로 한쪽면이 평면상이고, 드물게는 약간 뒤틀린 것도 있다. 표면은 평활하며, 옅은 자색 또는 회자색이고, 성장하면 점차 퇴색되어 옅은 황토자색이나 옅은 황갈색을 띠며, 기부는 백색을 띠고, 균사모가 있다. 자실층은 표면에 거의 전체에 분포되어 있으며, 평활하고, 기부쪽의 대와 구별이 불분명하다. 조직은 자색 또는 옅은 자색이며,

속은 비어 있고, 잘 부서진다. 맛과 향기는 불분명하다. 포자문은 백색이며, 포자 모양은 타원형 또는 긴타원형이며, 표면은 평활하다.

- **발생 시기 및 장소** : 가을에 침엽수림(특히 적송) 내 지상에 다발로 발생하거나 종종 수백 개의 개체가 함께 무리지어 발생한다.
- **식용 가능 여부** : 식용버섯
- **분포** : 한국, 일본, 유럽, 북아메리카
- **참고** : 본 종은 국수 모양이고, 아름다운 자색을 띠나 성장하면 퇴색되며, 하나씩 발생하나 대부분 수백 개의 개체가 함께 무리지어 발생한다. 침엽수림(특히 적송림) 내 지상에 발생하며 전국적으로 발생한다.
- **영문명** : Purple Club Coral, Purple Fairy Club

1·2·3. 옅은 자색과 회자색을 띠는 자실체 4. 침엽수림에 다발로 발생

▲ 건변색 현상이 있는 갓 표면

자주방망이버섯아재비

Lepista sordida (Fr.) Singer

분류체계

담자균문(Basidiomycota) 주름버섯강(Agaricomycetes) 주름버섯목(Agaricales) 송이과(Tricholomataceae) 자주방망이버섯속(Lepista)

: **형태적 특징:** 자주방망이버섯아재비의 갓은 지름이 3~10㎝ 정도로 처음에는 반반구형이고, 갓 끝이 안쪽으로 굽어 있으나 성장하면서 갓 끝이 펼쳐지면서 편평형 또는 가운데가 오목한 편평형이 된다. 갓 표면은 흡습성이고, 성장 초기에는 자색 또는 연한 자색을 띠나, 건조하면 변색이 되어 유백색으로 퇴색된다. 조직은 비교적 얇고, 잘 부서지며, 연한 자색을 띤다. 주름살은 완전붙은주름살형 또는 내린주름살형으로 성장하면서 다르게 나타나며, 성글고, 연한 자색을 띤다. 대의 길이는 3~7㎝ 정도이며,

154

위아래 굵기가 비슷하고, 표면은 섬유상이고, 자색을 띤다. 포자문은 연한 자색이며, 포자 모양은 타원형이다.

: **발생 시기 및 장소** : 여름에서 가을 사이에 유기물이 많은 밭, 길가, 풀밭 등에 홀로 나거나 무리지어 발생한다.

: **식용 가능 여부** : 식용버섯이며, 재배가 가능하다.

: **분포** : 한국, 북반구 일대

: **참고** : 민자주방망이버섯과 비슷하나, 갓이 투명하고 주름살이 성글다는 점에서 차이가 난다.

1. 연한 자색의 주름살   2. 성글은 주름살   3·4. 유기물이 많은 곳에 자생

▲ 종형의 갓

자주색줄낙엽버섯

Marasmius purpureostriatus Hongo

분류체계

담자균문(Basidiomycota) 주름버섯강(Agaricomycetes) 주름버섯목(Agaricales) 낙엽버섯과(Marasmiaceae) 낙엽버섯속(Marasmius)

형태적 특징: 자주색줄낙엽버섯의 갓은 크기가 0.8~5.5㎝이고 초기에는 종형이나 성장하면 반반구형 또는 편평하게 펴지며, 중앙 부위는 약간 함몰되어 있다. 표면은 평활하며, 분명한 방사상으로 홈선이 형성되고, 중앙 부위에 망목상의 주름이 있다. 바탕색은 담황색이고, 홈선은 명료한 갈자색을 띠며, 성장하면 점차 퇴색된다. 조직은 얇고, 막질형이며, 다소 질기고, 유백색이다. 맛과 향기는 특별하지 않으며 비교적 부드럽다. 주름살은 폭이 0.2~0.4㎝로 대에 떨어진주름살 또는 약간 끝붙은주름살이

고, 성글며, 황백색이다. 주름살날은 평활하며 다소 미세한 분질상이다. 대는 크기가 3~15cm로 원통형이고 위아래 굵기가 비슷하며, 기부는 다소 굵다. 표면은 건성이고, 작은 털이 덮혀 있으며, 기부에는 굵고 균사속상의 거친 털이 있으며, 종으로 섬유질이 있고, 종종 비틀려 있으며, 담갈등황색을 띠고, 상부는 백색 또는 유백색이며, 중심형이다. 조직은 섬유질이며, 단단하고, 속은 차 있다. 포자 모양은 긴 곤봉형이며, 평활하고, 포자문은 백색이다. 멜저용액에서 비아밀로이드이다.

: **발생 시기 및 장소** : 봄부터 여름까지 활엽수림 또는 혼합림 내의 지상에 낙엽이 많이 싸인 곳 또는 떨어진 나뭇가지 위에 흩어져 나거나 무리지어 발생한다.

: **식용 가능 여부** : 불명

: **분포** : 한국, 일본

: **참고** : 본종은 낙엽버섯류 중에서 자실체가 비교적 크고, 담황색 바탕에 현저한 갈자색의 홈선이 있으며, 포자가 낭상 곤봉형이고, 매우 크다(12.4~24.7×7.2~14.5㎛)는 점이 특징적이다. 현재까지 한국과 일본에서만 발견되고 있다.

1. 황백색의 주름살 2. 방사상의 홈선이 명료한 자실체 3. 진한 갈색을 띠는 대 기부

▲ 혼합림 내 지상에 무리지어 발생하는 자실체

자주졸각버섯

Laccaria amethystina Cooke

담자균문(Basidiomycota) 주름버섯강(Agaricomycetes) 주름버섯목(Agaricales) 졸각버섯과(Hydnangiaceae) 졸각버섯속(Laccaria)

: 형태적 특징 : 자주졸각버섯의 갓은 지름이 1.5~3.6㎝ 정도이고 성장 초기에 반반구형이고 갓 끝은 위쪽으로 굽어 있으나 성장하면서 갓 끝이 펴져 편평하게 되거나 중앙오목편평형이 되며, 종종 위로 반전되고 드물게는 파상으로 굴곡이 진다. 표면은 초기 또는 습할 때는 짙은 자색이고, 건조하면 퇴색하여 옅은 회갈색을 띤다. 조직은 얇고, 섬유상 육질형이며 다소 탄력성이 있고, 옅은 보라색을 띤다. 맛과 향기는 부드럽다. 주름살은 대에 끝붙은주름살 또는 짧은 내린주름살로 두껍고 성글며, 자색을 띤다. 주

름살 사이에는 간맥이 있고 주름살날은 평활하지 않다. 대는 2.3~5.7㎝이고 원통형이며 대부분 구부러져 있고 위아래 굵기가 같거나 종종 위쪽이 굵다. 표면은 갓과 같은색이거나 약간 적자갈색 또는 옅은 보라색 바탕에 종으로 흰색의 섬유질이 있고, 탄력성이 있으며, 기부 쪽은 유백색이다. 포자문은 백색이고 포자 모양은 유구형이고 표면에는 침상돌기가 밀포되어 있고 멜저용액에서 비아밀로이드이다.

- **발생 시기 및 장소** : 여름부터 가을까지 혼합림 내의 지상 또는 도로변에 무리지어 발생하는 외생균근형성균이다.
- **식용 가능 여부** : 식용버섯
- **분포** : 한국, 동아시아, 유럽, 북아메리카, 아프리카
- **참고** : 자주졸각버섯은 졸각버섯속 중에서 보라색을 띠므로 육안으로 쉽게 구별할 수 있다. Krieglsteiner(1978)는 자주졸각버섯은 어디든지 습한 장소에 잘 자라며, 평지에서 고산지대까지 척박한 토양의 습한 곳에 발생한다고 보고하였다.

1. 보라색을 띤 주름살 2. 갓 중앙부가 오목한 갓

▲ 반반구형의 회색 자실체

작은테젖버섯

Lactarius circellatus Fr.(이명: *Lactarius circellatus* Fr. f. *distantifolius* Hongo)

담자균문(Basidiomycota) 주름버섯강(Agaricomycetes) 무당버섯목(Russulales) 무당버섯과(Russulaceae) 젖버섯속(Lactarius)

형태적 특징: 작은테젖버섯의 갓은 크기가 3~8cm이고, 초기에는 반반구형이나 성장하면 편평하게 펴지며, 중앙부위는 넓게 함입되어 있고, 갓 끝은 성장 초기에 안으로 말려 있으며, 성장 후에는 다소 불규칙하게 반전되기도 한다. 표면은 습할 때 점성이 강하고, 어릴 때 암회갈색 또는 갈회색으로 되며, 주변부는 다소 옅은색을 띠며, 수 개의 암환문이 있다. 조직은 두껍고 단단하며, 백색이나 표피 아랫면은 옅은 회갈색이다. 유액은 백색이며, 변색하지 않고, 맵다. 주름살은 폭이 0.3~0.6cm이고, 대에 완전

붙은주름살 또는 짧은 내린주름살이며 성글다. 초기에 백색이나 옅은 황토색을 띠며, 주름살날은 평활하다. 대는 크기가 2~5㎝이고, 위아래 굵기가 비슷하거나 기부 쪽이 다소 가늘며, 갓보다 옅은색을 띤다. 조직은 해면상이고 가운데가 비어 있다. 포자문은 옅은 황색이며, 포자 모양은 난상류구형 또는 유구형으로 날개 모양의 돌기가 있고 띠 모양을 이루며, 아밀로이드이다.

: **발생 시기 및 장소** : 여름부터 가을 사이에, 침엽수림 내 지상에 흩어져 발생한다.

: **식용 가능 여부** : 불명

: **분포** : 한국, 일본

1. 매운맛이 나는 백색의 유액   2. 갈회색의 암환문이 있는 갓   3. 대에 완전붙은주름살

작은테젖버섯 • 161

▲ 활엽수 부후목에 무리지어 발생한 자실체

적갈색애주름버섯

Mycena haematopus (Pers.) P. Kumm.

담자균문(Basidiomycota) 주름버섯강(Agaricomycetes) 주름버섯목(Agaricales) 애주름버섯과(Mycenaceae) 애주름버섯속(Mycena)

: **형태적 특징** : 적갈색애주름버섯의 갓은 크기가 0.8~3.5㎝이고 초기에는 반구형이나 점차 종형 또는 원추상종형으로 되며, 갓 중앙 부위에 종종 유두상 돌기가 있다. 표면은 건성이고, 평활하며, 갈분홍색, 분홍갈색, 담적자색 또는 적갈색을 띠고, 중앙 부위는 짙은색을 띠며, 습할 때는 반투명선이 갓 길이의 1/2~2/3까지 있다. 갓 끝은 거치상 또는 치아상(내피막의 잔유물)이나 쉽게 탈락한다. 조직은 육질상 섬유질이며, 비교적 얇으나 단단하며, 적갈색이다. 향기는 특별하지 않고 곰팡이 냄새가 나며

맛은 비교적 부드럽다. 주름살은 홈내린주름살 또는 홈주름살이고 약간 빽빽하며, 비교적 좁으며, 초기에는 유백색 또는 맑은 분홍크림색이나 성장 후에 육색 또는 담적자색을 띠고, 상처를 입으면 암색의 반점이 생긴다. 주름살 사이에 간맥은 불분명하며, 주름살날은 평활하다. 대는 크기가 2.5~6.5㎝로 원통형이고, 위아래 굵기가 비슷하며, 대 기부는 나뭇가지나 목재에 융착되어 있다. 표면은 건성이고, 평활하며, 위쪽에 종종 분질이 있고, 담분홍갈색으로 갓과 같은색이며, 상처를 입으면 암갈적색의 유액이 나오고, 시간이 지나면 암색의 얼룩이 진다. 속은 비어 있다. 포자 모양은 타원형 또는 원통상타원형이고 포자문은 담황백색이다. 표면은 평활하며, 무색이고, 멜저용액에서 아밀로이드이다.

: **발생 시기 및 장소** : 늦은 봄에서 가을까지 주로 활엽수의 밑동, 나뭇가지 위에 소수 무리지어 발생하며 다발로 발생한다.

: **식용 가능 여부** : 불명

: **분포** : 한국, 일본, 중국. 유럽, 북아메리카, 아시아, 북아프리카, 오스트레일리아

: **참고** : 본종은 대에 상처를 주면 암적색의 유액이 나오고, 주름살, 대 또는 갓에 상처를 입고 시간이 지나면 암색이나 보다 짙은색으로 얼룩이 진다는 점이 특징적이다. 애주름버섯속 중에서 대를 잘랐을 때 유액이 나오는 몇 종의 버섯이 있다. *Mycena sanguinolenta*는 암적색의 유액이 나온다는 점에서 유사하나 후자는 대가 더 길고, 주름살날이 갈적색이고, 가문비나무에 발생한다는 점이 다르다. *Mycena crocata*는 대를 자르면 등황적색의 유액이 나오고, *Mycena galopus*는 백색의 유액이 나오며, 반면에 *Mycena erubescens*는 물과 같은 무색의 유액이 나오고, 매우 쓴맛이 난다.

1. 원추상 종형의 갓 **2.** 나무에 유착된 대 기부

▲ 분질상의 외피막 흔적이 있는 갓

점박이광대버섯

Amanita ceciliae (Berk. & Br.) Bas

담자균문(Basidiomycota) 주름버섯강(Agaricomycetes) 주름버섯목(Agaricales) 광대버섯과(Amanitaceae) 광대버섯속(Amanita)

: 형태적 특징 : 점박이광대버섯의 갓은 크기가 3.5~7㎝로 성장 초기에는 난형이나 점차 종형 또는 반반구형으로 되며 성장하면 편평상반반구형 또는 편평하게 펴진다. 표면은 약간 점성이 있고, 황갈색 또는 암갈색을 띠며, 주변 부위는 옅은색을 띠고, 외피막의 잔유물인 회흑색의 면질(floccose), 분질 또는 사마귀상 파편이 다수 부착되어 있으며, 주변 부위에는 방사상의 홈선이 있다. 조직은 다소 얇고, 백색이며, 육질형이다. 향기는 불분명하고, 맛은 부드럽다. 주름살은 대에 떨어진주름살이며, 빽빽하고, 초

기에는 백색이나 성장 후에는 다소 담갈색을 띠며, 주름살날은 약간 분질상이고, 짧은 주름살은 1- 또는 3-형이다. 대는 크기가 7.5~2.5㎝로 원통형이고, 상부쪽으로 가늘어지며, 기부는 다소 팽대하다. 표면은 유백색이고, 상부는 종으로 섬세한 섬유상 선이 있으며, 대 기부에는 우산버섯형의 대주머니가 없고, 외피막의 일부가 2~4개의 불완전한 띠를 이루며, 암백색 또는 담갈색의 면질이나 면분질이 있다. 포자 모양은 구형이며, 포자문은 백색이다. 표면은 평활하고, 멜저용액에서 비아밀로이드이다.

- **발생 시기 및 장소** : 여름부터 가을까지 주로 활엽수림 또는 혼합림 내 지상에 홀로 나거나 무리지어 발생하는 균근형성균이다.
- **식용 가능 여부** : 식용버섯
- **분포** : 한국, 일본, 중국, 유럽, 북아메리카 등 북반구 온대
- **참고** : 점박이광대버섯은(문헌상에 sect. vaginata에 속하는 종들 중에서 가장 큰 버섯으로 알려져 있으나 국내에서는 우산버섯의 자실체가 보다 더 크다.) 대 기부에 2개 또는 그 이상의 불완전한 회색 분질띠(외피막의 잔유물)가 있고, 갓 표면에 외피막의 회색 분질파편이 산재해 있다는 점이 특징적이다. A. lividopallescens는 sect. vaginata에 속하는 종들 중에서 자실체가 대형이나 갓 표면에 외피막의 잔유물이 없으며, 대 기부에 대주머니 상으로 잘 발달되어 있어 쉽게 구별된다.

1. 2~4개의 불완전한 띠 형태의 외피막 흔적   2. 백색의 주름살   3. 방사상 홈선이 있는 갓 가장자리

▲ 얇은 단층의 외표피막이 있는 자실체

점박이어리알버섯

Scleroderma areolatum Ehrenb.

분류체계

담자균문(Basidiomycota) 주름버섯강(Agaricomycetes) 그물버섯목(Boletales) 어리알버섯과(Sclerodermataceae) 어리알버섯속(Scleroderma)

: **형태적 특징** : 점박이어리알버섯의 자실체는 반지중생으로 크기가 1.5~4㎝로 구형 또는 서양배형이며, 하부는 좁아져 대 모양을 형성하나 경계는 불분명하다. 표면은 얇은 단층의 외표피막(peridium)으로 싸여 있으며, 성숙하면 미세한 인편으로 갈라지고, 담갈색 또는 황갈색을 띠나 성숙하면 암갈색을 띤다. 포자가 성숙하면 상단부가 불규칙하게 갈라져 포자가 비산된 후에 술잔 모양의 기부만 남는다. 대는 높이가 0.7~1.8㎝이며, 기부에 백색의 뿌리 모양의 균사속(rhizomorps)이 잘 발달되어 있다. 기본체는 초

기에는 백색을 띠며 견고하고, 점차 갈색, 자갈색, 갈흑색을 띠며 분질로 된다. 포자는 구형이고, 끝이 뾰족한 침상 돌기(1.5~2㎛)가 있으며, 갈색이다.

발생 시기 및 장소 : 늦여름과 가을에 활엽수림 또는 혼합림의 지면, 정원, 도로 주변 등에 무리지어 발생한다.

식용 가능 여부 : 독버섯

분포 : 전 세계

영문명 : small potato

1. 반지중생의 자실체 2. 포자가 방출되는 구멍 3·4. 반으로 자르면 검은색을 띠는 단면

▲ 소나무 밑 지상에 무리지어 발생한 자실체

젖비단그물버섯

Suillus granulatus (L.) Roussel

분류체계

담자균문(Basidiomycota) 주름버섯강(Agaricomycetes) 그물버섯목(Boletales) 비단그물버섯과(Suillaceae) 비단그물버섯속(Suillus)

: **형태적 특징** : 젖비단그물버섯의 갓은 3.5~11.5㎝로 초기에는 원추형 또는 원추상반구형이며, 갓 끝은 안쪽으로 굽어 있고, 상당기간 동안 굽어 있으나, 성장하면 반반구형 또는 편평상반반구형으로 된다. 표면은 평활하며, 드물게는 다소 불완전한 주름이 방사상으로 있고, 습할 때 표면은 점성이 있으며 젤라틴질이며, 어릴 때는 짙은 황갈색 또는 적갈색을 띠고, 성장 후에 젤라틴질이 소실되면 황색을 띤다. 갓 끝은 관공보다 더 신장되어 갓 끝 깃이 나타난다. 조직은 두껍고, 백색 또는 옅은 황색을 띠며, 상

처를 입어도 변색하지 않는다. 맛은 부드럽거나 다소 신맛이 있고, 냄새는 불분명하다. 관공은 짧은 내린관공형 또는 완전붙은관공형이며, 다소 방사상으로 배열되어 있고, 초기에는 황색이나 성장하면 황갈색으로 된다. 관공구는 비교적 작으며, 유원형 또는 유다각형이고, 성장 초기에 황백색의 유액을 분비한다. 성숙 후에는 곳곳에 갈색의 얼룩이 보인다. 대는 4.5~9.6㎝로 원통형이고, 위아래 굵기가 비슷하거나 기부 쪽이 종종 약간 굵으며, 드물게는 다소 가늘다. 표면은 옅은 황색이거나 옅은 황백색을 띠며, 초기에는 상부에 백색 또는 황백색의 유액이 있으며, 후에 갈색 반점으로 된다. 대에 턱받이는 없다. 포자문은 둥황갈색이고, 포자 모양은 타원형 또는 타원상방추형이며, 표면은 평활하다.

- **발생 시기 및 장소** : 여름과 가을 사이에 소나무(2-엽송)림 내의 지상에 흩어져 나거나 무리지어 발생한다.
- **식용 가능 여부** : 식용버섯
- **분포** : 전 세계
- **참고** : 본 종은 대의 색이 옅은 황색이고, 상부에 백색 또는 황백색의 유액반점이 있으며, 턱받이가 없다는 점이 특징적이다.
- **영문명** : Dotted-stalk Bolete, Dotted-stalk Suillus, Granulated Boletus, Slippery Jack, milk bolete

1. 반반구형의 갓   2. 어린 자실체의 관공에 있는 황백색의 유액   3. 조직은 상처를 입어도 변색되지 않는다.

▲ 회백색 또는 담갈색의 환문을 갖는 갓 표면

조개껍질버섯

Lenzites betulina (L.) Fr.

담자균문(Basidiomycota) 주름버섯강(Agaricomycetes) 구멍장이버섯목(Polyporales) 구멍장이버섯과(Polyporaceae) 조개껍질버섯속(Lenzites)

: **형태적 특징** : 조개껍질버섯의 갓은 크기가 2~10㎝, 두께는 0.5~1㎝로 반원형 또는 조개껍질 모양이며, 표면은 거칠고 짧은 털로 덮여 있으며 백색, 회백색 또는 담갈색, 황색으로 여러 개의 환무늬를 이루고 있다. 조직은 0.1~0.2㎝이고 백색이며 질기다. 자실층은 주름살 모양이며 길이는 0.8~1.2㎝로 두껍고 백색 또는 황백색이다. 대는 없고 갓 일부가 직접 기주에 부착되어 있다. 포자문은 백색이며, 포자 모양은 소시지형이며 평활하다.

: **발생 시기 및 장소** : 여름부터 가을까지 침엽수 또는 광엽수의 고목에 발생한다.
: **식용 가능 여부** : 불명
: **분포** : 전 세계
: **영문명** : Gill Polypore, Multicolor Gill Polypore, Birch Maze-gill, white-gilled polypore

1. 짧은 털이 있는 갓 표면   2. 주름살형의 자실층   3. 백색의 포자를 갖는 주름살

▲ 내피막 잔유물이 부착된 갓 끝 부위

족제비눈물버섯

Psathyrella candolleana (Fr.) Maire

분류체계

담자균문(Basidiomycota) 주름버섯강(Agaricomycetes) 주름버섯목(Agaricales) 눈물버섯과(Psathyrellaceae) 눈물버섯속(Psathyrella)

형태적 특징: 족제비눈물버섯 갓의 지름은 2~8㎝ 정도이며, 초기에는 유구형이고 갓 끝은 안쪽으로 굽어 있으나 성장하면 편평하게 펴지며, 갓 끝에 내피막 잔유물이 부착되어 있으나 곧 소실된다. 표면은 담황색이고, 어릴 때 백색의 미세한 섬유질 인피가 있으나 성장하면서 소실된다. 조직은 얇고 잘 부서지며, 갓과 같은 색을 띠고 맛과 향기는 부드럽다. 주름살은 대에 완전붙은주름살형이고, 빽빽하며, 초기에는 백색이나 성장하면서 점차 회색을 띠다가 자흑색이 된다. 대의 길이는 2~7㎝ 정도이며, 기부

쪽이 약간 굵다. 대의 속은 비어 있어 약간의 힘을 주면 딱 소리가 나면서 부러진다. 포자문은 흑색이고, 포자 모양은 타원형이다.

- **발생 시기 및 장소** : 봄부터 가을까지 숲, 정원, 공원, 활엽수 그루터기 등에 홀로 나거나 무리지어 발생한다.
- **식용 가능 여부** : 식용버섯
- **분포** : 한국 등 전 세계
- **영문명** : White Brittle-head, Common Psathyrella, Fringed Crumblecap, suburban Psathyrella

1. 유구형의 어린 자실체 2·3. 담회갈색을 띠는 갓 4. 빽빽한 백색의 주름살
5. 포자가 성숙되어 진갈색을 띤 주름살 6. 활엽수 그루터기에 자생

▲ 침엽수림, 활엽수림 내 지상에 홀로 발생

좀노란밤그물버섯

Boletellus obscurecoccineus (Höhn.) Singer

분 류 체 계

담자균문(Basidiomycota) 주름버섯강(Agaricomycetes) 그물버섯목(Boletales) 그물버섯과(Boletaceae) 밤그물버섯속(Boletellus)

: 형태적 특징 : 좀노란밤그물버섯의 갓은 지름이 3~7㎝ 정도로 처음에는 반반구형이나 성장하면서 편평형이 된다. 갓 표면은 미세한 솜털상 또는 미세한 인편으로 가늘게 갈라져 있으며, 자홍색 또는 적등색이다. 조직은 연한 황색인데 상처가 생기면 약간 청색으로 변하며, 쓴맛이 난다. 관공은 떨어진관공형이고, 연한 황색 또는 녹황색이다. 관공구는 약간 다각형이며, 황색이다. 대의 길이는 3~13㎝ 정도이며, 위아래 굵기가 비슷하거나 아래쪽이 다소 굵다. 대의 표면에 섬유질의 세로선이 있고, 종종 위쪽에

비듬상 인편이 빽빽하게 분포되어 있으며, 백색 또는 분홍색을 띠고, 기부에는 백색 균사가 있다. 포자문은 녹갈색이며, 포자 모양은 긴 타원형이다.

발생 시기 및 장소 : 여름에서 가을 사이에 활엽수림, 침엽수림 내 땅 위에 홀로 발생하며 부생생활을 한다.

식용 가능 여부 : 불명

분포 : 한국, 일본, 오스트레일리아, 아프리카

1. 연황색의 관공 2. 미세한 솜털상 인편으로 밀포된 갓 3. 대 기부에 밀포된 백색의 균사모

▲ 깔때기형의 갓

좀벌집구멍장이버섯

Polyporus arcularius (Batsch) Fr.

분류체계

담자균문(Basidiomycota) 주름버섯강(Agaricomycetes) 구멍장이버섯목(Polyporales) 구멍장이버섯과(Polyporaceae) 구멍장이버섯속(Polyporus)

: 형태적 특징 : 좀벌집구멍장이버섯의 갓은 지름이 3~5㎝ 정도이며, 원형 또는 깔때기 형이다. 표면은 황백색 또는 연한 갈색이고, 갈라진 작은 인편이 있다. 조직은 백색이며, 부드러운 가죽질이다. 관공은 0.1~0.2㎝ 정도이며, 백색 또는 크림색이고, 관공구는 0.1㎝ 이하로 타원형이며, 방사상으로 배열되어 있다. 대의 길이는 1~5㎝ 정도이며, 굵기는 0.2~0.5㎝ 정도로 원주상이며, 질기고, 단단하다. 포자문은 백색이고, 포자 모양은 긴 타원형이다.

: **발생 시기 및 장소** : 여름부터 가을까지 활엽수의 고목, 부러진 가지, 그루터기 위에 무리지어 발생하며 부생생활을 한다. 나뭇가지가 매몰된 땅 위에 무리지어 발생되기도 한다.

: **식용 가능 여부** : 어린 버섯은 식용 가능하나 생식을 하면 중독된다.

: **분포** : 한국, 일본 등 전 세계

: **참고** : 약용과 항암작용이 있다.

: **영문명** : spring polypore

식용

1. 갓 가장자리의 거친 털　2. 방사상으로 형성된 관공

좀벌집구멍장이버섯 · 177

▲ 암적색의 인편이 있는 갓

주홍여우갓버섯

Leucoagaricus rubrotinctus (Peck) Sing.

담자균문(Basidiomycota) 주름버섯강(Agaricomycetes) 주름버섯목(Agaricales) 주름버섯과(Agaricaceae) 여우갓버섯속(Leucoagaricus)

형태적 특징: 주홍여우갓버섯의 갓은 크기가 3~7.5㎝이고, 모양은 성장 초기에 반구형이나 성장하면 반반구형 또는 중앙볼록편평형으로 된다. 표면은 건성이고, 초기에 평활하며, 밝은 적색 또는 암갈적색을 띠나, 성장하면 중앙 부위를 제외하고 표면이 방사상으로 갈라져 적색이나 암갈적색의 섬유질이 나타나며, 갈라진 사이는 백색을 띠며, 상처를 입어도 변색하지 않는다. 갓 끝은 평활하나 성장하면 내피막 조각이 부착되어 있으나 소실된다. 조직은 얇으나 중앙 부위는 약간 두꺼우며, 백색이고 상처

를 입어도 변색되지 않는다. 대 상단의 육질과 갓의 육질사이에 분명한 경계가 있다. 맛과 향기는 불분명하며, 부드럽다. 주름살은 대에 떨어진주름살이고, 약간 빽빽하며, 폭은 다소 좁고, 백색이다. 주름살날은 다소 분질상이다. 대는 크기가 3~6.5cm로 원통형이고, 위아래 굵기가 비슷하며, 기부는 다소 팽대하여 유구근상이다. 표면은 건성이고, 초기에는 유백색이나 성장 후나 상처를 입으면 점차 담갈색으로 변한다. 평활하거나 다소 종으로 가늘고 미세한 섬유질 또는 면모상이 있다. 대의 속은 성장하면 비어 있다. 턱받이는 백색이고 막질이며, 턱받이 끝은 갓과 같은 적색을 띠고, 매달려 있으며, 비가동성이다. 포자 모양은 난형 또는 방추상타원형이고, 평활하며, 발아공은 불분명하거나 없고, 무색이며, 포자문은 백색이다. 위아밀로이드이다.

- **식용 가능 여부** : 불명
- **발생 시기 및 장소** : 여름부터 가을 사이에 임내, 정원, 온실, 화분, 죽림 내 지상에 홀로 나거나 소수 무리지어 발생한다.
- **분포** : 한국, 일본. 유럽. 북아메리카
- **참고** : 본 종은 갓이 밝은 적색을 띠고, 날시스티디아가 곤봉형이며 크고, 갓의 표피상층이 부분적으로 젤라틴질이며, 턱받이 끝이 갓과 같은 적색을 띤다는 점에서 특징적이다.

1. 백색의 내피막 2. 내피막에 있는 갓 끝 부위가 띠 모양을 이룬다.

▲ 자갈색 인편이 밀집된 어린 자실체

진갈색주름버섯

Agaricus subrutilescens (Kauffman) Hotson & D. E. Stuntz.

분류체계

담자균문(Basidiomycota) 주름버섯강(Agaricomycetes) 주름버섯목(Agaricales) 주름버섯과(Agaricaceae) 주름버섯속(Agaricus)

: 형태적 특징 : 진갈색주름버섯의 갓은 지름이 5~20㎝ 정도로 처음에는 반구형이나 성장하면서 편평형이 된다. 갓 표면은 백색이나 가운데에 자갈색의 섬유상 인편이 밀집해 있다. 갓 끝은 백색 막질의 내피막으로 덮여 있다가 성숙하면서 내피막이 분리되며 막질 고리가 된다. 조직은 다소 두껍고 백색을 띠다가 갈색으로 변해간다. 주름살은 떨어진주름살형이고, 빽빽하고, 백색에서 홍색을 거쳐 흑갈색으로 변색된다. 대의 길이는 5~15㎝ 정도이며, 위쪽은 연한 홍색이며, 아래쪽은 굵고 털 모양의 인편이 있

다. 턱받이는 대의 가운데 또는 위쪽에 붙어 있으며 백색이다. 포자문은 회자갈색이며, 포자 모양은 타원형이다.

: **발생 시기 및 장소** : 여름에서 가을 사이에 침엽수림, 활엽수림, 혼합림 내 땅 위에 홀로 나거나 무리지어 발생한다.

: **식용 가능 여부** : 독버섯

: **분포** : 한국 등 전 세계

: **참고** : 갓의 인편이 진한 갈색으로 물결 모양으로 펼쳐져 있다.

: **영문명** : Wine-colored Agaricus, Woollystalk

1. 갓 끝은 백색 막질의 내피막 흔적이 있다. 2. 자색의 반구형 갓을 가진 어린 자실체
3. 성숙한 포자가 있는 진갈색의 주름살

▲ 원추상 반구형의 갓을 가진 자실체

참낭피버섯

Cystoderma amianthinum (Scop.) Fayod

분류체계

담자균문(Basidiomycota) 주름버섯강(Agaricomycetes) 주름버섯목(Agaricales) 주름버섯과(Agaricaceae) 낭피버섯속(Cystoderma)

형태적 특징: 참낭피버섯의 갓은 크기가 1.4~4.5㎝이며, 모양은 초기에 원추상반구형 또는 반구형이나, 성장하면 중앙볼록편평형으로 편평하게 펴지며, 종종 갓 끝은 위쪽으로 반전된다. 표면은 황등황색 또는 황토색을 띠며, 같은색의 분질물로 덮혀 있고, 방사상으로 주름이 현저하다. 주변부에는 백색 또는 옅은 황색의 내피막 잔유물이 산재해 있다. 조직은 얇고, 오렌지황색이다. 맛과 향기는 부드럽다. 주름살은 끝붙은 주름살 또는 완전붙은주름살이고, 빽빽하며, 백색 또는 담황색이다. 주름살날은 평활

1. 침엽수림 내 홀로 발생하는 자실체   2. 면모상 내피막 흔적이 있는 갓 가장자리와 대 상부
3. 담황색을 띠는 주름살   4. 어린 자실체 단면

하다. 대의 크기는 2.5~5.6cm이며, 위아래 굵기가 같거나, 기부쪽이 다소 굵다. 턱받이 상부는 백색 또는 담황색이고, 종으로 면모상 섬유질이 있다. 하부는 갓과 같은 담황토색의 입상분질물과 주름이 있다. 속은 비어 있다. 턱받이는 백색이며 면모상이고 대의 상부에 위치하며, 형태가 불완전하고 조기탈락성이다. 포자문은 옅은 황색 또는 백색이며, 포자 모양은 긴 타원형 또는 긴 난형이며, 평활하고, 아밀로이드이다.

: **발생 시기 및 장소** : 여름부터 가을까지 침엽수림 내 이끼 위에 홀로 나거나 소수 무리 지어 발생한다.

: **식용 가능 여부** : 식용버섯

: **분포** : 한국, 동아시아, 유럽, 북아메리카, 오스트레일리아, 아프리카

: **참고** : 본 종은 외관상 *C. jasonis*는 면모상 턱받이가 있다는 점에서 유사하나 후자는 갓 표피 상층에 분절포자(arthrospores)가 있다는 점에서 다르고, *C. fallax* Sm. & Sing.는 확실한 막질의 턱받이가 있다는 점에서 구별되며, *C. granulosum* (Batsch.: Fr.)Fay은 갓의 색이 적갈색을 띠고, 포자는 멜저용액에서 비아밀로이드란 점에서 다르다. 또한 *C. terrei* (Berk. & Br.) Harm.은 갓 표면이 적갈색을 띠며, 날시스티디아는 끝이 창처럼 뾰족하고 미세한 결정체가 있으며, 포자가 비아밀로이드란 점에서 구별된다.

▲ 고사목에 무리지어 발생하는 자실체

치마버섯

Schizophyllum commune Fr.

 분류체계

담자균문(Basidiomycota) 주름버섯강(Agaricomycetes) 주름버섯목(Agaricales) 치마버섯과(Schizophyllaceae) 치마버섯속(Schizophyllum)

: 형태적 특징 : 치마버섯의 갓은 지름이 1~3㎝ 정도로 부채형 또는 치마 모양이며, 표면은 백색, 회색 또는 회갈색의 거친 털이 빽빽이 나 있으며, 갓 둘레는 주름살의 수만큼 갈라져 있다. 조직은 가죽처럼 질기고, 건조하면 움츠러들지만 비가 와서 물을 많이 먹으면 회복된다. 주름살은 백색 또는 회백색을 띠며, 주름살 끝은 부드럽고 이중으로 이루어져 있다. 대는 없고 갓의 일부가 기주에 부착한 상태로 생활한다. 포자문은 백황색이고, 포자 모양은 원통형이다.

: **발생 시기 및 장소** : 사계절 내내 고사목 또는 살아 있는 나무껍질 등에 무리지어 나거나 겹쳐서 발생하며, 나무를 분해하는 부후성 버섯이다.

: **식용 가능 여부** : 식용 여부는 알려져 있지 않으며 항종양제의 약용으로 이용하는 경우는 있다.

: **분포** : 한국 등 전 세계

: **참고** : 중국 윈난성 지방에서는 건강에 매우 좋아 '백삼'이라 부른다.

: **영문명** : Split-gill Fungus, Common Split Gill, Splitgill

1. 대는 거의 없고 갓의 일부가 대에 부착한다.　2. 회백색의 주름살
3. 주름살은 두겹이며 습하면 갈라져서 포자를 비산한다.　4. 주름살 수만큼 갈라진 갓 둘레

▲ 활엽수 고목에서 무리지어 발생

콩버섯

Daldinia concentrica (Bolton) Ces. & De Not.

분류체계

자낭균문(Ascomycota) 동충하초강(Sordariomycetes) 콩꼬투리버섯목(Xylariales) 콩꼬투리버섯과(Xylariaceae) 콩버섯속(Daldinia)

: 형태적 특징 : 콩버섯은 지름이 1~2㎝ 정도이고, 구형 또는 반구형이며, 불규칙한 혹 모양이고, 여러 개가 모여서 크게 뭉쳐지기도 한다. 표면은 흑갈색 또는 검은색이며, 목탄질로 단단하고, 포자가 방출되면 흑색의 포자로 덮이게 된다. 안쪽은 회갈색 또는 어두운 갈색이고, 미세한 선이 보이는 섬유질이며, 나이테 모양의 검은 환 무늬가 있다. 자낭포자는 넓은 타원형이다.

: **발생 시기 및 장소** : 여름부터 가을까지 활엽수의 고목이나 그루터기에서 목재를 썩히며 무리지어 발생한다.

: **식용 가능 여부** : 불명

: **분포** : 한국 등 전 세계

: **참고** : 콩버섯의 종단면을 보면 여러 개의 환 무늬가 있다.

▲ 구형 또는 반구형의 자실체

1. 표면이 흑갈색 포자로 덮인 형태 2. 짧은 대가 있는 자실체도 있다. 3·4. 목탄질로 단단함

콩버섯 · 187

▲ 침엽수 낙엽에 무리지어 발생

큰낙엽버섯

Marasmius maximus Hongo

분류체계

담자균문(Basidiomycota) 주름버섯강(Agaricomycetes) 주름버섯목(Agaricales) 낙엽버섯과(Marasmiaceae) 낙엽버섯속(Marasmius)

형태적 특징 : 큰낙엽버섯 갓의 지름은 3~10㎝ 정도이고, 종 모양 또는 둥근 산 모양에서 가운데가 볼록한 편평한 모양으로 된다. 표면에는 방사상의 줄무늬 홈선이 있고, 가운데 부분은 갈색이며, 마르면 백색으로 된다. 주름살은 올린주름살형 또는 끝붙은주름살형이고, 갓보다 연한 색이며, 성기다. 대의 길이는 5~10㎝, 굵기는 0.2㎝ 내외이고, 위아래 굵기가 같다. 대 표면은 섬유상이고, 위쪽에는 가루 같은 것이 부착되어 있다. 포자 모양은 타원형 또는 아몬드형이다.

: **발생 시기 및 장소** : 봄부터 가을까지 숲 속 등 낙엽이 있는 곳에 무리지어 발생하며 낙엽부후성 버섯이다.

: **식용 가능 여부** : 식용버섯

: **분포** : 한국, 일본

: **참고** : 북한명은 큰가랑잎버섯이다.

1. 대 표면이 까끌거리는 형태   2. 방사상 줄무늬 홈선이 있는 갓 표면
3. 주름살 사이에 간맥이 있다.   4. 종 모양의 황갈색의 갓

▲ 임내 지상에 흩어져 발생

큰눈물버섯

Lacrymaria lacrymabunda (Bull.) Pat.

담자균문(Basidiomycota) 주름버섯강(Agaricomycetes) 주름버섯목(Agaricales) 눈물버섯과(Psathyrellaceae) 큰눈물버섯속(Lacrymaria)

형태적 특징: 큰눈물버섯 갓의 지름은 2~10㎝ 정도이며, 초기에는 반구형이고, 섬유상 막질의 내피막으로 싸여 있다. 성장하면 편평하게 펴지며, 내피막 잔유물이 갓 끝에 있으나 곧 소실된다. 갓 표면은 황토색 또는 갈색이며, 섬유상의 인편이 빽빽이 퍼져 있다. 조직은 중앙 부분이 다소 두껍고, 갓 가장자리는 얇다. 주름살은 완전붙은주름살형이며, 다소 빽빽하고, 초기에는 연한 황색을 띠나 성장하면서 회갈색에서 흑색을 띤다. 대의 길이는 3~10㎝ 정도이며, 토양 표면과 붙어 있는 부분이 조금 굵으며

속은 비어 있다. 대의 위쪽에 거미줄형의 턱받이 흔적이 있으며 검은색의 포자가 낙하하면 갈흑색을 띤다. 포자문은 흑갈색 또는 흑색이고, 포자 모양은 타원형이다.

- **발생 시기 및 장소** : 여름부터 가을까지 혼합림 내 땅 위, 풀밭, 도로변에 홀로 나거나 무리지어 발생하기도 한다.
- **식용 가능 여부** : 식용버섯
- **분포** : 한국, 북반구
- **참고** : 눈물버섯에 속한 버섯류 중에서 포자의 표면에 돌기가 있는 유일한 종으로서 분류학자들로부터 많은 의견이 있으나 Singer의 제안을 많이 따르고 있다.

1. 어린 자실체 2·3. 섬유상 인편이 밀집한 갓 4. 얇은 갓 가장자리
5. 검은색의 포자가 묻어 있는 내피막 흔적 6. 연황색을 띠는 주름살

▲ 혼합림 내 지상에 홀로 발생하는 자실체

큰주머니광대버섯

Amanita volvata (Peck) Lloyd

담자균문(Basidiomycota) 주름버섯강(Agaricomycetes) 주름버섯목(Agaricales) 광대버섯과(Amanitaceae) 광대버섯속(Amanita)

: 형태적 특징 : 큰주머니광대버섯의 자실체는 초기에 백색의 난형이나 상단 부위가 갈라지며 갓과 대가 나타난다. 갓은 5.2~9.5㎝로 어린 시기에는 종형 또는 반구형이나 성장하면 반반구형 또는 편평상반반구형이거나 편평하게 펴진다. 표면은 건성이고 백색 또는 옅은 갈백색 바탕에 옅은 분홍갈색의 분질상 또는 면모상 인편이 있으며, 종종 막질의 외피막 일부가 부착되어 있다. 조직은 두껍고 육질형이며 백색이나 상처를 입으면 다소 붉게 변한다. 주름살은 떨어진주름살이고 약간 빽빽하며 폭이 넓으며, 초

1. 편평상반반구형의 갓을 가진 자실체 2. 포자가 흰색이고 떨어진주름살 3. 흰색의 주름살 4. 백색의 막질 턱받이

기에는 백색이지만 성숙하면 옅은 분홍적색을 띤다. 주름살날은 분질상이거나 미세한 톱날형이다. 대는 5.4~14㎝로 원통형이나 일반적으로 상부 쪽이 가늘다. 표면은 백색 또는 옅은 갈백색을 띠며, 갓과 같은 분질상 인편이 있다. 막질의 턱받이는 없다. 대주머니는 매우 크고 두꺼우며 막질이고 유백색 또는 옅은 분홍갈색을 띤다. 포자문은 백색이고, 포자 모양은 타원형 또는 긴 타원형이며 아밀로이드이다.

: **발생 시기 및 장소** : 여름부터 가을까지 혼합림 내의 지상에 홀로 또는 흩어져 나거나 소수 무리지어 발생하는 외생균근균이다.

: **식용 가능 여부** : 독버섯

: **분포** : 한국, 일본, 중국, 러시아, 북아메리카

: **참고** : 경기도 일부 지역에서는 주민들이 소량씩 식용하고 있지만, 국내에서는 아직까지 큰주머니대광대버섯에 의해 중독된 예가 없다. 그러나 일본에서는 사망한 사례가 있으므로 주의해야 한다. 감별해야 할 식용버섯은 우산버섯이다. 구토, 설사, 언어장애 등 위장계 및 신경계 중독을 일으키고 신장, 간장 등 장기에 장애가 나타난다.

: **영문명** : Volvate Amanita

▲ 혼합림 내 지상에 흩어져 발생

턱받이광대버섯

Amanita spreta (Peck) Sacc.

분류체계

담자균문(Basidiomycota) 주름버섯강(Agaricomycetes) 주름버섯목(Agaricales) 광대버섯과(Amanitaceae) 광대버섯속(Amanita)

: **형태적 특징** : 턱받이광대버섯의 자실체는 백색의 작은 달걀 모양이나 점차 상단 부위가 갈라져 갓과 대가 나타난다. 갓은 2.5~6.5cm로 난형 또는 종형이나 성장하면 반반구형이 되거나 편평하게 펴진다. 표면은 평활하고, 습할 때는 다소 점성이 있으며 회갈색 또는 회색을 띠고 방사상으로 홈선이 있다. 조직은 비교적 얇고, 갓의 표피 하층은 회색을 띤다. 주름살은 떨어진주름살로 약간 성글며 백색이다. 주름살날은 분질상이다. 대는 4.5~11cm로 원통형이고, 상부 쪽이 다소 가늘다. 표면은 평활하거나 종으

194

로 섬유상 선이 있고 백색이며, 대의 속은 비어 있다. 턱받이는 막질이다. 대주머니는 백색이고 막질이다. 포자문은 백색이고, 포자 모양은 넓은 타원형이며 평활하고 비아밀로이드이다.

- **발생 시기 및 장소** : 여름과 가을 사이에 활엽수림, 침엽수림 또는 혼합림의 지상에 흩어져 발생한다.
- **식용 가능 여부** : 독버섯
- **분포** : 한국, 일본, 러시아 연해주, 중국, 북아메리카, 유럽
- **참고** : 턱받이광대버섯과 우산광대버섯은 갓 표면은 주변 부위에 방사상으로 홈선이 있고, 백색의 길고 가는 대와 대 기부에 대주머니(우산버섯형의 대주머니)의 형태가 매우 유사하지만, 우산광대버섯은 대의 상부에 턱받이가 없다는 점이 다르다. 긴골광대버섯아재비(A. longistriata S. Imai)는 턱받이광대버섯과 모양과 크기, 대에 턱받이가 있다는 점에서 매우 비슷하나, 전자는 주름살이 초기에는 백색이나 점차 분홍색을 띤다는 점에서 쉽게 구별된다.
- **영문명** : Hated Amanita

1. 작은 달걀 모양의 어린 자실체 2. 외피막을 나오는 갓 3. 홈선이 있는 갓 4. 막질의 탈락성 백색 턱받이

▲ 활엽수 고사목에 홀로 발생

털구멍장이버섯

Polyporus squamosus (Huds.) Fr.

분류체계

담자균문(Basidiomycota) 주름버섯강(Agaricomycetes) 구멍장이버섯목(Polyporales) 구멍장이버섯과(Polyporaceae) 구멍장이버섯속(Polyporus)

: 형태적 특징 : 털구멍장이버섯의 갓은 지름이 3~13㎝이며 두께는 0.5~1.5㎝로 부채형, 난형, 원형 등으로 자라며 초기에는 갓 가장자리가 안으로 말리나 성장하면서 물결을 이루고 갓 끝이 반전되기도 한다. 갓 표면은 담황갈색 또는 다갈색이며 암갈색의 큰 인피가 전체적으로 덮여 있다. 조직은 백색의 육질이며 건조하면 코르크질이 되어 딱딱해진다. 관공은 내린관공형이고 다각형이며 방사상으로 자라서 대는 단단하고 때로는 대 끝부분까지 관공이 생긴다.

: **발생 시기 및 장소** : 1년 내내 발생하며 활엽수의 고사목이나 떨어진 가지에서 홀로 나거나 소수의 개체가 무리지어 발생한다. 활엽수가 자라는 지역에서 종종 관찰된다.

: **식용 가능 여부** : 식용버섯으로 어린 버섯일 때 식용한다.

: **분포** : 한국

: **영문명** : Dryad's Saddle

1. 갓 표면에 방사상으로 흩어진 갈색 인편   2. 갓 중앙부는 오목한 깔때기형   3·4. 내린관공형이며 다각형인 자실층

▲ 혼합림 내 지상에 발생

털귀신그물버섯

Strobilomyces confusus Sing.

분류체계

담자균문(Basidiomycota) 주름버섯강(Agaricomycetes) 그물버섯목(Boletales) 그물버섯과(Boletaceae) 귀신그물버섯속(Strobilomyces)

: 형태적 특징 : 털귀신그물버섯의 갓은 크기가 5~11㎝이고, 모양은 반구형 또는 반반구형이며, 그 후에 펼쳐진다. 표면은 건조하고, 대부분은 직립한 가시 모양의 돌기와 검은 솔방울 모양의 인편으로 덮혀 있으며, 간혹 누운 인편을 갖거나 따개비 모양의 돌기를 갖는 경우도 있다. 색은 어두운 갈색 또는 검은색을 띤다. 갓의 끝 부위는 내피막의 잔유물이 붙어 있다. 조직은 두껍고, 흰색이나 상처를 입으면 붉게 변한 후에 검게 변한다. 맛은 부드럽고, 냄새는 특별하지 않다.

관공은 길이가 0.5~1.3cm이고, 대 주변에 완전붙은관공형 또는 중앙오목관공형이며, 만지거나 상처를 입으면 처음에는 흰색 또는 회색이나 점차 붉은갈색으로 변하며, 그 후에는 검게 변한다. 대는 5~8cm로 위아래 굵기가 같거나 드물게는 아래쪽으로 가늘어진다. 상부는 세로로 망목상을 이루고, 내피막의 잔유물이 부착되어 있거나 흔적이 남아 있으며, 기부는 면모상의 털이 있다. 색은 흰색 또는 회색이며, 상처를 입으면 붉게 변한 후에 검게 변한다. 포자문은 검은색이고, 포자 모양은 유구형이고, 그 표면이 수국의 꽃차례 모양을 이루며, KOH(수산화칼륨) 용액에서 어두운 갈색 또는 어두운 회색을 띈다.

발생 시기 및 장소 : 여름부터 가을 사이에 혼합림 내 지상에 홀로 나거나 무리지어 발생하며 균근형성균이다.

식용 가능 여부 : 식용버섯

분포 : 한국, 일본, 중국, 유럽, 북아메리카

참고 : 본 종은 자실체의 모양이나 성장 초기 또는 성장 후에 검은색이란 점에서 귀신그물버섯(*Strobilomyces strobilaceus*)과 매우 유사하나, 갓 표면에 직립의 각상 돌기상 인편이 밀포되어 있고, 포자의 표면이 수국꽃 모양을 이루고 있다는 점에서 쉽게 구별된다.

영문명 : Confusing Bolete

1. 휘어진 대를 갖는다. 2. 솔방울 모양의 끝이 선 인편 3. 검은색의 원형의 관공

▲ 활엽수 고목에 무리지어 발생한 자실체

털목이

Auricularia nigricans (Sw.) Birkebak, Looney & Sánchez-García [이명: *Auricularia polytricha* (Mont.) Sacc.]

분류체계

담자균문(Basidiomycota) 주름버섯강(Agaricomycetes) 목이목(Auriculariales) 목이과(Auriculariaceae) 목이속(Auricularia)

: 형태적 특징 : 털목이의 크기는 2~8㎝ 정도이고, 주발 모양 또는 귀 모양 등 다양하며, 젤라틴질이다. 갓 윗면(비자실층)은 가운데 또는 일부가 기주에 부착되어 있고, 약간 주름져 있거나 파상형이다. 표면은 회갈색의 거친 털로 덮여 있으며, 갈색 또는 회갈색을 띠며, 노후되면 거의 흑색으로 된다. 아랫면(자실층)은 매끄럽거나 불규칙한 간맥이 있고, 갈색 또는 흑갈색을 띤다. 조직은 습할 때 젤라틴질이며, 유연하고, 탄력성이 있으나, 건조하면 수축하여 굳어지며, 각질화된다. 건조된 상태로 물속에 담그면

원상태로 되살아난다. 포자문은 백색이고, 포자 모양은 콩팥형이다.

발생 시기 및 장소: 봄부터 가을 사이에 활엽수의 고목, 그루터기, 죽은 가지에 무리지어 발생한다.

식용 가능 여부: 식용버섯

분포: 한국 등 전 세계

참고: 목이와는 표면에 있는 털의 유무로 구분된다.

1. 갓 표면에 거친 털이 밀포 2. 자실층에 불규칙한 간맥 3·4·5. 가지에 무리지어 발생

▲ 혼합림 내 부후목에 자생

털작은입술잔버섯

Microstoma floccosum (Schwein.) Raitv

자낭균문(Ascomycota) 주발버섯강(Pezizomycetes) 주발버섯목(Pezizales) 술잔버섯과(Sarcoscyphaceae) 작은입술잔버섯속(Microstoma)

: 형태적 특징 : 털작은입술잔버섯은 떨어진 나뭇가지에서 형성되며 주발의 크기는 지름 0.3~1㎝이고 깊이는 0.5~1㎝의 항아리형으로 긴 대를 갖는다. 외면은 희고 긴 털로 덮여 있다. 자실층은 홍색이고 자낭포자는 장타원형이다.

: 발생 시기 및 장소 : 봄부터 여름까지 혼합림 내의 부후목에 발생한다. 제주도에서는 겨울에도 볼 수 있다.

1. 긴 대를 갖는 주발 모양의 자실체   2. 자실층은 홍색이고 외면은 백색의 긴 털로 밀포

: **식용 가능 여부** : 불명
: **분포** : 한국, 일본, 중국

▲ 침엽수림 내 무리지어 발생

톱니겨우살이버섯

Coltricia cinnamomea (Jacq.) Murrill

분류체계

담자균문(Basidiomycota) 주름버섯강(Agaricomycetes) 소나무비늘버섯목(Hymenochaetales)
소나무비늘버섯과(Hymenochaetaceae) 겨우살이버섯속(Coltricia)

: 형태적 특징 : 톱니겨우살이버섯의 갓은 지름이 3~5㎝ 정도이고, 버섯 높이는 2~5㎝ 정도이며, 깔때기형이다. 갓 표면은 적갈색 또는 황갈색이며, 방사상의 섬유 무늬와 둥근 무늬의 테두리가 있고, 광택이 난다. 갓 둘레는 톱니상이고, 조직은 얇고, 가죽질이며, 적갈색을 띤다. 관공은 0.1~0.2㎝ 정도이며, 황갈색 또는 암갈색을 띤다. 관공구는 다각형이며, 0.1㎝ 내에 2~3개 정도가 있다. 대의 길이는 1~4㎝ 정도이며, 원통형이며, 가운데에 있다. 대의 표면은 흑갈색이며, 기부는 다소 굵다. 포자문은 백색

이며, 포자 모양은 타원형이다.

발생 시기 및 장소 : 여름과 가을에 침엽수가 많은 혼합림 내 땅 위에 홀로 나거나 무리지어 발생한다.

식용 가능 여부 : 불명

분포 : 한국 등 전 세계

영문명 : Shiny Cinnamon Polypore

1. 어린 버섯 2. 황갈색의 갓 3. 가죽질의 방사상 무늬와 둥근 테두리가 있는 갓

▲ 포플러 등에 무리지어 발생

팽나무버섯(팽이)

Flammulina velutipes (Curtis) Singer

담자균문(Basidiomycota) 주름버섯강(Agaricomycetes) 주름버섯목(Agaricales) 뽕나무버섯과(Physalacriaceae) 팽나무버섯속(Flammulina)

: 형태적 특징 : 팽나무버섯의 갓은 크기가 1.5~6.5㎝로 초기에는 모양이 반구형 또는 종상반구형이나 성장하면 반반구형 또는 편평하며, 점성이 뚜렷하게 나타나고, 황갈색 또는 등황갈색이나 끝 부위는 옅은색을 띤다. 갓 표피는 잘 벗겨진다. 조직은 두껍고, 백색 또는 담황색이며, 부드러운 육질형이다. 맛은 부드럽고, 짙은 버섯 향기가 난다. 주름살은 대에 완전붙은주름살 또는 홈주름살이고, 다소 빽빽하며, 초기에는 백색을 띠지만 성장하면서 점차 옅은 황색 또는 옅은 등황색을 띤다. 주름살 사이에 간맥

이 있다. 주름살날은 평활하다. 대의 크기는 2~7.8㎝ 정도로 원통형이며, 위아래 굵기가 비슷하거나 기부 쪽이 굵고, 드물게는 상부가 넓으며, 종종 편압되어 있다. 표면은 융단상의 모가 있고, 기부 쪽은 섬유상 모가 있으며, 흑갈색 또는 갈흑색을 띠고, 상부 쪽은 황색을 띤다. 속은 차 있으나 성장하면 점차 빈다. 포자문은 흰색이다. 포자 모양은 원통상타원형이고 포자문은 백색이다. 표면은 평활하며, 무색이고, 멜저용액에서 비아밀로이드이다.

: **발생 시기 및 장소** : 늦가을과 이른 봄에 뽕나무, 감나무, 아까시나무, 포플러 등 활엽수림에서 무더기로 나거나 소수 무리지어 발생한다.

: **식용 가능 여부** : 식용버섯

: **분포** : 한국, 동아시아, 중국, 유럽, 아프리카, 북아메리카, 오스트레일리아

: **영문명** : Velvet-shank, Winter Fungus, Velvet Foot

1. 점액질의 갓　2. 흰색 포자가 갓 위에 있다.　3. 벨벳형의 짧은 갈색 털이 많은 대 표면　4. 옅은 황색을 띠는 주름살

▲ 혼합림 내 낙엽진 곳에 자생

흑깔때기버섯

Clitocybe gibba (Pers.) P. Kumm.

 분류체계

담자균문(Basidiomycota) 주름버섯강(Agaricomycetes) 주름버섯목(Agaricales) 송이과(Tricholomataceae) 깔때기버섯속(Clitocybe)

: 형태적 특징 : 흑깔때기버섯의 갓은 크기가 2.5~7.5㎝로 성장 초기부터 중앙오목반반구형 또는 깔때기형이며, 갓 끝은 안쪽으로 말려 있으나 후에 펴지며, 중앙오목편평형 또는 깔때기형으로 되고, 종종 함몰된 중앙부에 돌기가 있으며, 갓 주변 부위는 종종 파상으로 굴곡이 진다. 표면은 건성이고 평활하며 중앙 부위에 미세한 섬유질선이 있으나, 성장하면 없어진다. 옅은 황색 또는 옅은 황토색을 띤다. 조직은 얇고, 섬유상 육질형이며, 백색이다. 맛과 향기는 부드러우나 약간 시안화물 냄새가 난다. 주름살

은 대에 긴 내린주름살이고, 좁고 빽빽하며, 초기에는 백색이나 성장하면 옅은 황색을 띠고, 종종 분지가 있으며, 주름살날은 평활하다. 대는 크기가 2.5~5.5㎝로 원통형이며, 대부분 위아래 굵기 같으나, 드물게는 기부가 팽대하여 구근상이다. 기부에 백색의 면모상 균사가 있다. 표면은 유백색이거나 주름살과 같은색이고, 건성이며, 종으로 미세한 섬유질이 있다. 포자문은 옅은 황색 또는 백색이며, 포자 모양은 타원형이나 배의 씨 모양이며, 평활하고, 무색이며, 멜저용액에서 비아밀로이드이다.

- **발생 시기 및 장소** : 여름부터 가을까지 참나무림 또는 혼합림 내의 낙엽이 많은 곳에 발생한다.
- **식용 가능 여부** : 식용버섯
- **분포** : 한국, 동아시아, 유럽, 북아메리카
- **참고** : 본 종은 갓이 깔때기 모양이며, 일반적으로 움푹하게 함몰된 중앙부에 작은 돌기가 있으며, 표면은 담황색 또는 황토갈색을 띠고, 주름살과 대는 유백색이란 점에서 특징적이다. 깔때기 모양의 자실체인 *C. catinus* Fr. ss. Harmaja; *C. bresadoliana* Sing.; *C. costata* Kuhn. & Romagn. 등이 있다.
- **영문명** : Common Funnel Cap, Funnel Clitocybe, Frest Funnelcap, slim funnel mushroom

1. 깔때기형의 갓 2. 백색의 내린주름살형 자실층

▲ 활엽수림 내 부후목에 홀로 발생

황갈색먹물버섯(노랑먹물버섯)

Coprinellus radians (Desm.) Vilgalis, Hopple & Jacq. Johnson[이명: *Coprinus radians* (Desm.: Fr.) Fr.]

분류체계

담자균문(Basidiomycota) 주름버섯강(Agaricomycetes) 주름버섯목(Agaricales) 눈물버섯과(Psathyrellaceae) 갈색먹물버섯속(Coprinellus)

형태적 특징: 황갈색먹물버섯의 갓은 크기가 1.1~3㎝로 초기에는 난형이나 성장하면 종형이나 원추형 또는 반반구형으로 된다. 표면은 황갈색 또는 회갈색을 띠고, 갈색의 작은 비듬상인편이 산재해 있으나 쉽게 탈락되며, 주변부에 방사상의 가는 주름상 선이 있다. 갓 끝은 다소 불규칙한 파상형이며, 초기에는 내피막 잔유물이 부착되어 있으나 쉽게 소실된다. 조직은 얇고 담황색이며, 다소 육질이고, 얇다. 맛과 향기는 불분명하며, 특별하지 않다.

주름살은 대에 끝붙은주름살 또는 약간 떨어진주름살이고, 약간 빽빽하며, 초기에는 백색이나 성장하면 갈색으로 변하고 마지막에는 흑색으로 되며, 액화현상이 일어난다. 주름살날은 미세한 분질상이다. 대는 크기가 2.5~5㎝로 원통형이고, 위아래 굵기가 비슷하며, 상부 쪽이 다소 가늘다. 표면은 건성이고, 백색이며, 평활하고, 대 기부 주위와 기질에 길고 굵은 소털모양의 황갈색의 균사괴(ozonium)가 밀포되어 있다. 대의 조직은 연골질이고, 성장하면 속은 비어 있다. 포자 모양은 신장형 또는 타원형, 난형이고, 측면에서 보면 타원상 강낭콩형이며, 표면은 평활하고, 발아공이 있다. 포자벽은 약간 두꺼우며, 포자문은 흑색이다.

: **발생 시기 및 장소** : 여름부터 가을 사이에 활엽수(벚나무, 참나무, 수양버드나무 등)의 그루터기 또는 통나무 위에 발생한다.

: **식용 가능 여부** : 식용버섯(어릴 때)

: **분포** : 한국, 동아시아, 유럽, 북아메리카, 오스트레일리아

: **참고** : 본 종은 황갈색의 균사괴가 있으며, 다른 종과는 갓의 표면에 갈색의 비늘상 인피가 현저하고, 포자가 다소 크며, 측면에서 보면 타원상 강낭콩형이란 점에서 다르다.

1. 담갈색 비늘상 인피 2. 황갈색 균사괴에서 발생하는 자실체

▲ 활엽수림 내 지상에 무리지어 발생

회색두엄먹물버섯(두엄먹물버섯)

Coprinopsis atramentaria (Bull.) Redhead, Vilgalys & Moncalvo [이명: *Coprinus atramentarius* (Bull.) Fr.]

분류체계

담자균문(Basidiomycota) 주름버섯강(Agaricomycetes) 주름버섯목(Agaricales) 눈물버섯과(Psathyrellaceae) 두엄먹물버섯속(Coprinopsis)

: 형태적 특징 : 회색두엄먹물버섯의 갓은 3.5~7.5㎝로 난형이나 성장하면 종형 또는 원추상종형으로 발달한다. 표면은 담회색 또는 담회갈색을 띠며, 종종 회갈색의 미세한 인편이 있다. 종종 중앙 부위를 제외하고 방사상으로 잔주름이나 홈선이 있다. 주름살은 끝붙은주름살이며, 빽빽하고 유백색이거나 옅은 회백색이며, 포자가 성숙하면 갓 끝쪽에서부터 자갈색이나 적갈색을 띠다가 흑색으로 변하며, 포자를 날린 후에 끝에서부터 액화 현상이 나타난다. 대의 길이는 4.5~15.5㎝로 기부는 굵으며, 기부는

방추형 뿌리 모양이다. 성장하면 대의 속은 비어 있고, 대 기부 쪽에 내피막의 일부가 불완전한 턱받이를 이루고 있다. 포자문은 갈흑색 또는 흑색이고, 포자 모양은 타원형이고, 분명한 발아공이 있다.

: **발생 시기 및 장소** : 회색두엄먹물버섯은 국내의 농가 주변이나 들판에서 흔히 아침에 발견되는 버섯이며 해가 뜨면서 먹물처럼 녹아내리는 특징이 있다. 봄과 가을에 정원, 화전지, 도로변의 퇴비 더미 주위 또는 부식질이 많은 곳에서 발생하며 종종 활엽수의 부후목에 무리지어 발생한다.

: **식용 가능 여부** : 독버섯이다. 알코올과 함께 섭취하면 소화기증상(구역질, 구토, 복통 등)을 유발하며, 증상은 3~4일 정도 지속되다가 자연 치유된다.

: **분포** : 한국 등 전 세계

: **참고** : 감별해야 할 식용버섯은 먹물버섯이다.

1. 회갈색의 인편이 있는 갓 표피　2. 종형의 갓　3·4. 액화 현상이 일어난 갓

▲ 코스모스 꽃잎 모양의 갓

흙무당버섯

Russula senecis S. Imai

분류체계

담자균문(Basidiomycota) 주름버섯강(Agaricomycetes) 무당버섯목(Russulales) 무당버섯과(Russulaceae) 무당버섯속(Russula)

형태적 특징: 흙무당버섯의 갓은 4.7~10.5㎝로 반구형이고 끝은 안쪽으로 굽어 있으며, 표면은 황토갈색을 띠고 평활하나 성숙하면 반반구형 또는 중앙오목편평형으로 된다. 표면은 황토갈색의 표피층이 코스모스 꽃잎 모양으로 갈라지며, 그 사이에 담황토색의 조직이 나타나고, 주변부에는 돌기선이 있다. 조직은 냄새무당버섯과 같은 냄새가 나고, 약간 매운맛이 난다. 주름살은 떨어진주름살이며 약간 빽빽하고, 짧은 주름살은 거의 없으며 황백색 또는 어두운 황백색을 띠나, 후에 갈색으로 얼룩진다. 대

의 길이는 4.2~7.8㎝로 원통형이며, 표면은 황토색이나 황토갈색 바탕에 갈색 또는 흑갈색의 작은 돌기가 밀포되어 있으며, 대의 속은 성장하면 해면질화 된다. 포자문은 백색이고 포자 모양은 구형이며, 완전한 또는 불완전한 대형의 날개 모양의 띠와 크고 작은 가시 모양의 돌기가 있으며, 멜저용액에서 띠와 돌기는 흑청색을 띠는 아밀로이드이다.

: **발생 시기 및 장소** : 여름과 가을에 혼합림의 지상에서 발견된다.

: **식용 가능 여부** : 준독성이다.

: **분포** : 한국 등 전 세계

1. 황백색을 띠는 주름살 2. 혼합림 내 지상에 홀로 발생

▲ 혼합림 내 지상에 발생

흰가시광대버섯

Amanita virgineoides Bas

담자균문(Basidiomycota) 주름버섯강(Agaricomycetes) 주름버섯목(Agaricales) 광대버섯과(Amanitaceae) 광대버섯속(Amanita)

: 형태적 특징 : 흰가시광대버섯의 갓은 지름이 10~20㎝ 정도로 전체가 백색이고, 초기에는 구형이나 성장하면서 편평형이 된다. 표면은 백색이고 가루로 덮여 있으며, 가시 모양의 인편이 부착되어 있다. 인편은 비가 오면 빗물에 씻겨 떨어져 나가 다른 종처럼 보이기도 한다. 조직은 백색이다. 주름살은 떨어진주름살형이고, 약간 빽빽하고, 백색이다. 대의 길이는 10~25㎝ 정도이며, 어린 버섯은 대 속이 차 있으나 성장하면서 속이 빈 것도 있다. 표면은 순백색이며, 가시 모양의 인편이 붙어 있어서 만지면 손

에 잘 붙는다. 턱받이는 성장하면서 탈락되기도 한다. 기부는 곤봉형이며, 가시 모양의 인편이 있다. 포자문은 백색이며, 포자 모양은 타원형이다.

- **발생 시기 및 장소** : 여름부터 가을까지 침엽수림, 활엽수림 또는 혼합림 내 땅 위에 홀로 발생하며 외생균근성 버섯이다.
- **식용 가능 여부** : 우리나라에서는 '닭다리버섯'이라 부르며 식용하고 있지만 독버섯으로 기록된 문헌이 있으므로 성분을 확인한 후에 식용해야 하는 버섯이다. 요리를 해서 먹을 경우 입안이 가시에 찔린 것과 같은 통증이 있으므로 먹지 않는 것이 좋다.
- **분포** : 한국, 중국 등 북반구 일대

1·2·3. 백색 가시 모양의 인편이 부착된 갓   4. 백색의 탈락성 내피막

▲ 떨어진 가지에 홀로 발생

흰애주름버섯

Mycena alphitophora (Berk.) Sacc.(이명: *Mycena osmundicola* J.E. Lange)

담자균문(Basidiomycota) 주름버섯강(Agaricomycetes) 주름버섯목(Agaricales) 애주름버섯과(Mycenaceae) 애주름버섯속(Mycena)

형태적 특징: 흰애주름버섯의 갓은 지름이 0.5~1㎝ 정도로 처음에는 반구형 또는 반반구형이나 성장하면서 편평형으로 되며, 종종 갓 끝은 물결 모양을 이루거나 반전된다. 갓 표면은 백색이고, 백색 분말이 덮여 있으며, 방사상 홈선이 있다. 주름살은 끝붙은주름살형 또는 떨어진주름살형이고, 성글며 백색이다. 대의 길이는 2~4㎝ 정도이며, 가늘고 길며, 연약해서 쉽게 부러진다. 대의 속은 비어 있고, 표면에는 백색 분질물이 붙어 있으며 투명하다. 포자문은 백색이고, 포자 모양은 타원형이다.

: **발생 시기 및 장소** : 여름에 낙엽, 떨어진 가지, 썩은 뿌리 등에 홀로 나거나 무리지어 발생한다.

: **식용 가능 여부** : 불명

: **분포** : 한국, 동아시아, 유럽, 북아메리카

: **참고** : 본종은 대가 가늘고 상대적으로 길며, 대의 표면에 분질상 미세한 모가 산재해 있으며, 백색으로 투명하고, 갓은 얇고 분질이 있고 백색이며, 갓과 대의 표면과 주름 살날 부위에 있는 시스티디아의 표면에 크고 작은 돌기가 밀포하여 있다는 점이 특징 적이다.

불명

▲ 원형의 어린 갓

▲ 분질물이 많고 연약해서 잘 부러지는 긴 대

흰애주름버섯 • 219

부 록

버섯 구조에 관한 용어
용어 설명
국명 찾아보기
학명 찾아보기

부록 | 버섯 구조에 관한 용어

【버섯의 형태】

【갓이 대에 붙은 모양】

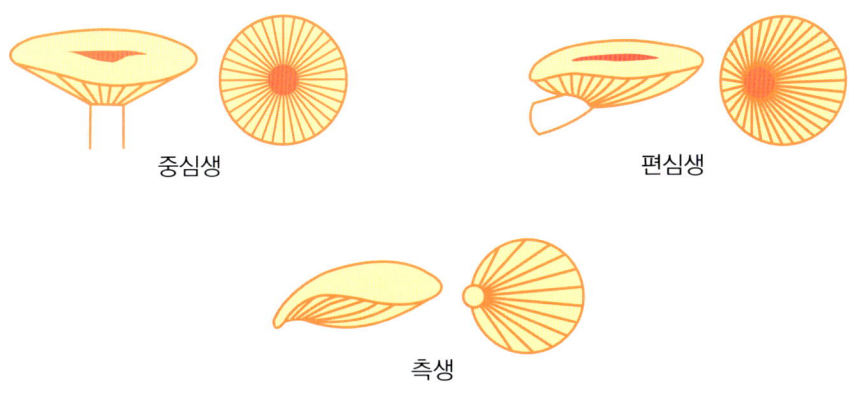

【갓의 모양】

【주름살이 붙은 모양】

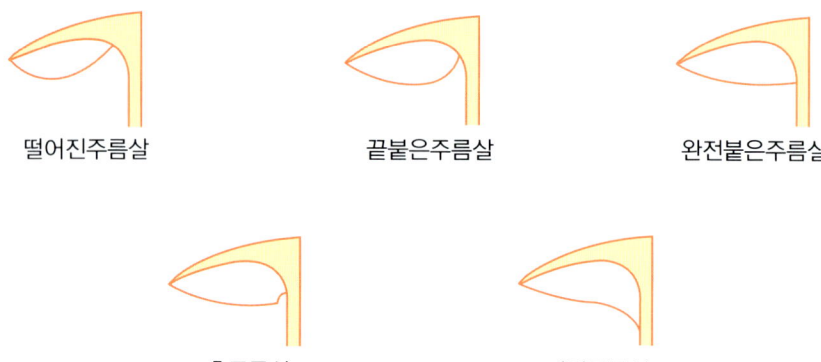

【주름살의 밀도】

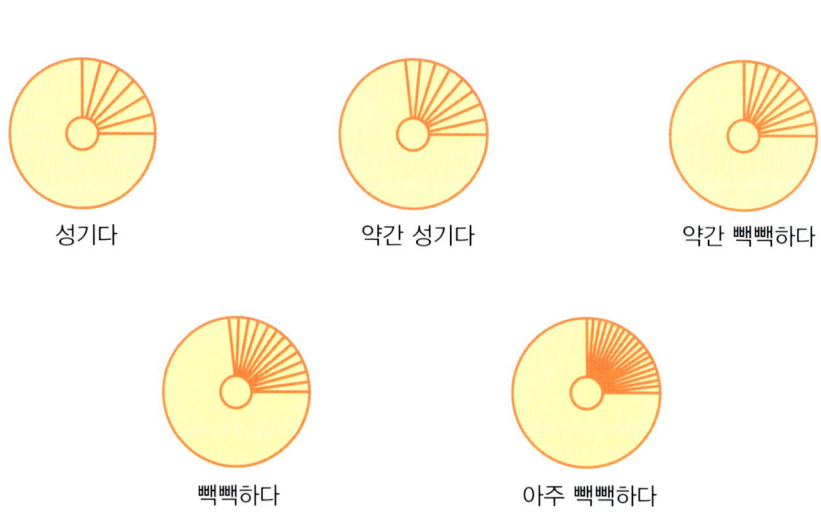

【대 기부의 모양】

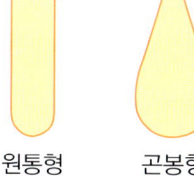

원통형　　　곤봉형

【대의 속 모양】

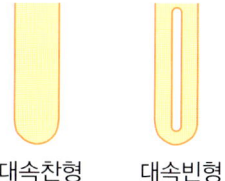

대속찬형　　　대속빈형

【버섯의 발생 형태】

홀로 발생(단생)

흩어져 발생(산생)

무리지어 발생(군생)

뭉쳐서 발생(속생)

겹쳐서 발생(복생)

동심원상으로 발생(균륜)

부록 용어 설명

가근(假根, rhizoid) 버섯류의 대 기부 또는 특정 조류 등에서 엽상체의 한 부분을 이루는 단세포 또는 다세포성으로 가는 실뿌리를 닮은 구조이다. 가근은 기질에 부착 또는 물질의 흡수 기관으로서의 역할을 한다.

가는조개껍질형(세조개껍질형, crenulate) 갓 끝 또는 주름살 끝이 가리비 조개껍질처럼 규칙적으로 굴곡이 진 상태로 조개껍질형보다 잘고 가늘다.

각피(殼皮, cuticle) 갓이나 대의 가장 바깥쪽의 외피.

갈빗살형(兩側形, 左石同形, bilateral, divergent) 주름살을 위에서 아래로 직각으로 잘라서 현미경으로 관찰하면 자실층의 균사조직이 중앙의 평행균사에서 양 바깥쪽으로 일정한 간격으로 비스듬히 나열되어 있는 상태.

갈색부후균(褐色腐朽菌, brown rotting fungi) 목질부후균으로서 주로 목질의 셀룰로스를 분해하여 목질부를 점차 갈색으로 변화시키는 균.

강모체(剛毛體, seta) 끝이 뾰족한 작살 또는 빳빳한 털 모양으로 암황갈색~갈색이나 KOH 용액에서 암갈색~흑색을 띠는 시스티디아의 일종.

깔때기형(infundibuliformis, funnel-shaped) 갓의 가운데가 깊게 들어가 깔때기 모양으로 된 것.

격막(隔膜, septum) 균류에서 균사의 내부에 있는 가로막으로, 고등 균류의 특징이기도 하다.

결합균사(結合菌絲, binding hyphae) 세포벽은 두껍고 좁으며 부정형~산호형으로 많은 분지가 있고 격막이 없는 균사.

곤봉형(棍棒形, clavate) 대 또는 시스티디아의 모양이 한쪽으로만 굵어져 곤봉 모양을 이루는 것.

곤충기생균(昆蟲寄生菌, entomopathogenic fungi) 곤충에 병원성을 가지는 균으로, 대개의 경우 기주를 죽게 만든다.

골격균사(骨格菌絲, skeletal hyphae) 세포벽은 두껍고 분지가 없거나 적으며, 격막이 없고 비교적 곧으며 약간 유연성이 있는 균사.

공생(共生, mycorrhizae) 수목이나 식물의 뿌리에 기생하여 상호 도움을 주면서 살아가는것.

관공(管孔, tube) 갓의 하면에 포자 형성 기관이 주름살 대신 관공 모양으로 되어 있다(일부 민주름버섯목 그물버섯 등).

괴근상(塊根狀, bulbous) 대의 기부가 팽대되어 양파 모양으로 된 것.

구형(求刑, globose, spherical) 갓이나 자실체 또는 포자가 공 모양으로 둥근 것.

균륜(菌輪, fairyring) 버섯이 매년 중심부에서 차차 바깥쪽으로 동심원을 형성하면서 발생하는 것.

군생(群生, gregarious) 버섯이 한 장소에서 무리지어서 발생하는 것.

균사(菌絲, hypha) 영양생장기관으로 가늘며 긴 실 모양의 기관.

균사조직(菌絲組織, 菌絲層, trama) 버섯의 자실체를 이루고 있는 불임성의 균사조직으로서 근본적으로 원통형의 균사로 구성되어 있으며 격막(septa)에 의해서 세포가 나누어진다. 현미경적 개념의 용어이다.

근상균사속(根狀菌絲束, rhizomorph) 세포벽이 두껍고 불임성의 균사 다발로서 대 기부에 발달하여 넝쿨 모양으로 길게 뻗어난 것.

균핵(菌核, sclerotium) 균사 상호간에 엉퀴고 밀착되어 있는 균사조직으로, 불리한 환경에도 저항성을 가지는 일종의 휴면 기관.

기본체(基本體, gleba) 자실체 내부에서 포자를 형성하는 기본 조직으로서 복균류에서 볼 수 있음.

기주(寄主, host) 버섯이 발생할 수 있는 기질로서 식물, 동물 등이다.

기주 특이성(寄主特異性, host specificity) 주어진 기생균이 제한된 기주에만 공생, 부생 전염 또는 병원성을 가지는 것.

깃(collar) 대의 상단 부위에 둘러져 있는 반지 모양의 구조.

난형(卵形, ovoid) 포자 또는 어린 자실체가 달걀 모양을 이룬 것.

다년생(多年生, perennial) 자실체가 다년간에 걸쳐 생육하는 것.

다발생(多發生, fasciculate) 자실체가 다발(bundle)로 발생하는 것.

다핵균사(多核菌絲, coenocytic hypha) 균사에 격막이 없어 다수의 핵들이 세포질 속에 그대로 존재하는 균사.

단생(單生, solitary) 버섯이 하나씩 발생하는 것.

담자균(擔子菌, basidiomycetes) 고등균류 중 완전세대를 거친 담자포자를 담자기에 형성하는 균의 총칭.

담자기(擔子器, basidium) 담자균류에 있어서 담자포자를 형성하는 곤봉 모양의 미세 구조.

담자뿔(小甁, sterigmata) 담자기의 상단에 형성되는 뿔 모양의 돌기로 4개 또는 2개씩 형성되며, 그

위에 담자포자를 하나씩 형성한다.

담자포자(擔子胞子, basidiospore) 담자균류의 담자기 내에서 감수분열한 후 담자기 외부에 형성되는 포자.

대(柄, stipe) 자실체의 줄기에 해당되는 부위로, 머리를 받쳐 지탱해주는 부분.

대주머니(volva) 어린 버섯을 싸고 있던 외피막이 버섯의 생장에 따라 찢어져 대 기부에 막질의 주머니를 형성하는 것.

돌기선(突起線, tubercula-striate) 갓 표면의 선 위에 돌기가 형성되는 것.

두부(頭部, head) 대의 끝 부위가 상부 쪽이 머리 모양으로 팽대한 것(말뚝버섯, 말불버섯).

두상(頭狀, 유두상, capitate) 정단 부위가 둥글고 머리 모양인 것(주로 시스티디아).

둔거치형(鈍鋸齒形, 무딘톱니꼴, 조개껍질형, crenate) 갓 끝 또는 주름살의 날이 가리비 조개껍질의 끝과 같이 규칙적으로 굴곡이 진 상태.

막질(膜質, membranous) 얇은 막으로 형성된 것.

망목상(網木狀, reticulate) 갓이나 대 표면에 나타나는 그물 모양의 구조.

맥관연락(脈管連絡, 融合, 吻合, 側肝脈, anastomoses) 주름살, 이랑이나 엽맥과 엽맥의 사이를 연결하는 cross-connection이다. 포자 표면의 날개(wing)와 날개 사이 또는 균사 사이에 나타나는 cross-connection을 표현할 때 사용함.

면모상(綿毛狀, 羊毛狀, flocci, floccose) 버섯류의 자실체 갓 또는 대의 표면에 나타난 균사가 솜털(면모상) 또는 양털 모양인 것. 면, 플란넬을 닮은 것.

면역 글로불린(immunoglobulin) 면역 작용에 관계하는 단백질.

멜저 용액(Melzer's solution) 포타슘아이오다이드(potassium iodide) 1.5g, 아이오다인(iodine) 0.05g과 클로랄하이드레이트(choral hydrate) 20g을 증류수 20mL에 용해시켜서 만든다.

목질(木質, woody) 자실층의 육질이 나무의 조직처럼 단단한 상태로 되어 있는 것.

무성생식(無性生殖, asexual reproduction) 핵융합과 감수분열이 관련되지 않은 생식.

미로상(迷路狀, daedaleoid) 자실층의 주름살이나 관공이 불규칙하고 복잡하게 배열되어 있는 상태.

반구형(半球形, hemiglobose, hemispherical) 갓의 모양이 공을 반으로 잘라 엎어놓은 모양을 한 것.

반반구형(半半球形, convex) 갓이 활 또는 만두 모양으로 둥그스름하게 형성된 모양을 말하며, 폭이 높이보다 긴 상태.

발아공(發芽孔, germ pore) 포자의 정단에 있는 작은 구멍.

발아관(發芽管, germ tube) 짧은 균사와 같은 구조로 많은 종류의 포자가 발아 시 형성됨.

방사상(放射狀, radial) 중심에서 바깥쪽으로 우산살 모양으로 뻗은 모양.

방추형(放錘形, fusiform) 포자나 시스티디아의 양 끝이 좁아져 럭비공 모양을 한 것.

배꼽형(제형, umbilicate) 중앙 부위에 있는 배꼽 모양의 홈.

배우자(配偶子, gamete) 단상의 생식세포로, 유성생식 때 융합되어 수정이 일어난다.

배착성(背着性, resupinate) 자실체의 전체가 기주에 붙어 발생하는 것.

백색부후균(白色腐朽菌, white rotting fungi) 목질 중 주로 리그닌을 분해시키는 균으로 목질부를 점차 백색으로 변화시키는 균.

버터형(butiraceous) 갓의 표면이 버터의 표면처럼 매끄러움을 나타낼 때 사용하는 표현.

병자각(柄子殼, pycnidium) 보통 구형이거나 플라스크 모양으로 속이 비어 있는 구조를 하고 있으며, 비어 있는 내부에서 분생포자를 생산한다.

복숭아씨형(扁桃形, 아몬드형, amygdaliform) 복숭아씨(편도) 모양, 아몬드(almond-shaped) 모양(주로 포자의 모양을 표현할 때 사용함).

부착세포(附着細胞, appressorium) 평평한 균사조직으로, 작은 감염 기관이 기주의 표피세포 위에서 자라, 이를 뚫고 들어가는 기관.

부채꼴(扇形—, flabellate) 부채 모양인 것. 버섯류의 자실체 또는 시스티디아의 형태를 묘사할 때 주로 사용함.

분생자병속(分生子柄束, synnema) 분생자 자루가 다발로 뭉쳐져 신장된 포자 형성구조를 만든 것.

분생자 자루(分生子梗 또는 分生子柄, conidiophore) 체세포 균사로부터 자라 분지한 균사로, 그 위에 또는 측면으로 분생포자 형성 세포를 생산한다.

분생포자(分生胞子, conidium) 운동성이 없는 무성생식 포자로, 보통 분생자 자루 위에 형성된다.

분생포자 형성 세포(分生胞子形成細胞, conidiogenous cell) 분생자 자루 위에서 발달하여 분생포자를 형성하는 세포.

불완전균(不完全菌, imperfect fungi) 생식 수단으로서 분생포자와 같은 무성생식만을 하는 균류.

비아밀로이드(nonamyloid) 멜저 용액에서 버섯의 균사나 포자 등이 담황색 또는 투명하게 나타나는 것.

사물기생(死物寄生, saprophyte) 균이 죽은 기질을 분해하여 영양분을 섭취하며 살아가는 상태.

산호형(珊瑚形, Coral shape, coralloid) 자실체가 하나의 짧은 대에서 계속 작은 분지로 나뉘어져 산호 모양을 이루는 형태.

서식자(棲息者, habitant) 어떠한 장소에 자생하는 생물.

서식지(棲息地, 自生地, habitat) 서식 또는 자생하고 있는 장소.

석회질의(石恢質의, calcareous) 석회를 함유하고 있는(석회암 지대에서).

선(線, striate) 갓과 대의 표면에 방사상 또는 세로로 형성되는 줄.

섬모형(纖毛形, ciliate) 갓이나 주름살의 끝에 속눈썹 모양의 털이 있는 상태.

섬모(纖毛, fimbriate) 갓이나 주름살의 가장자리(끝 부위)에 미세한 분질 또는 술이 있는 상태.

섬유상(纖柔狀, 線形, filiform) 실 모양의, 실 모양으로.

섬유질(纖維質, fibrous) 자실체를 형성하는 가늘고 길며 실 같은 조직.

세연쇄형(細連鎖形, 세체인형, catenulate) 연쇄형보다 가늘고 미세한 형.

세체인형(세연쇄형, 細連鎖形, catenulate) 세연쇄형을 참조.

세포형(細胞形, cellular) 식물이나 동물의 세포처럼 둥근 세포로 구성된 균사로 된 조직을 일컬음.

소란자(小卵子, peridiole) 기본체가 바둑돌 모양으로 포자를 싸고 있으며 포자 분산의 수단으로 이용되며, 찻잔버섯류에서 볼 수 있다.

소담자기(小擔子器, basidiole) 어린 담자기, 담자기와 모양이 비슷하나 아직 담자뿔이 형성되지 않은 상태.

소둔거치형(小鈍鋸齒形, crenulate) 갓 끝 또는 주름살 끝이 둔거치형보다 가늘고 잘게 굴곡이 진 상태.

소병포자(phialoconidia) 작은 자루로부터 형성된 포자.

습성(習性, habitus) 일반적인 모양, 형상.

시스티디아(cystidium, cystidia) 담자균류의 자실체(갓, 대, 자실층 등) 표면에 나타나는 붙임성, 다양한 모양의 말단세포.

아밀로이드(amyloid) 멜저 용액에서 버섯의 균사나 포자 등이 청색~흑청색으로 변하는 반응.

연골질(軟骨質, cartilaginous) 대의 조직이 단단하여 부러질 때 딱 소리가 나는 것.

연쇄형(連鎖形, 체인형, catenate) 균사는 짧고 상당히 넓은 세포로 구성되어 있으며, 격막이 있는 부위가 잘록하게 수축되어 있어 마치 체인처럼 생긴 것.

엽상체(葉狀體, thallus) 식물에서는 줄기, 뿌리, 잎의 구분이 없는, 비교적 간단한 식물체를 일컫는데, 균류에서의 엽상체는 영양 기간 동안의 형태를 나타낸다.

예형(銳形, 圓椎돌기, acute) 끝이 뾰족한 상태를 나타내며, 버섯류의 자실체에 나타나는 불임성 조직으로 주로 시스티디아의 모양을 표현할 때 사용함.

요막형(尿膜形, 콩팥형, 소시지형, allantoid) 콩팥, 소시지 또는 강낭콩 모양으로 한쪽 면은 안쪽으로 약간 굽어 있고 다른 쪽 면은 바깥쪽으로 둥글게 굽어 있는 상태.

원추돌기(銳形, 圓椎돌기, acute) 예형을 참조.

원추형(圓椎形, conic) 갓의 중앙 부위가 뾰족한 고깔 모양이며, 높이가 폭보다 긴 모양.

원통형(圓筒形, cylindric) 대나 포자의 모양이 같은 굵기로 원통을 이룬 것.

위(僞)아밀로이드(Pseudoamyloid) 멜저 용액에서 버섯의 균사나 포자 등이 적갈색~갈색으로 변하는 반응.

위유조직(僞柔粗織, pseudoparenchyma) 균사조직의 일종으로, 구성 균사들이 그들의 개별성을 잃어버린 조직.

유구(有口, ostiole) 자낭과에서 목과 같은 구조로, 말단부에는 구멍이 있다.

유구형(類球形, subspherical, subglobose) 포자나 시스티디아 등의 모양이 한쪽으로 약간 길거나 짧은 구형.

유성생식(有性生殖, sexual reproduction) 배우자 간의 접합에 의하여 생식을 하는 것으로, 핵융합과 감수분열이 일어난다.

육질(肉質, 組織, flesh, context) 조직 참조.

융합(融合, 吻合, 脈管連絡, 側肝脈, anastomoses) 맥관연락을 참조.

이랑형(ridge) 갓의 하면에 포자가 형성되는 부분이 밭이랑 모양으로 주름이나 굴곡이 진 모양(꾀꼬리버섯류).

2차기생(二次寄生, second parasitism) 성숙한 자실체 위에 다른 균이 침입하여 기생하는 것.

2차포자(二次胞子, second spore) 자낭포자의 격막 부분이 분열하여 각각이 개별적인 포자의 역할을 하는 것.

인피(鱗皮, scaly) 대 또는 갓 표면에 손거스러미 모양으로 끝이 뾰족하거나 뭉툭하게 갈라진 것.

일반균사(一般菌絲, generative hypha) 세포벽이 얇고 분지가 많으며 일반적으로 격막과 클램프가 있는 균사.

일년생(一年生, annual) 자실체가 1년 내에 생장을 완성하는 것.

자낭(子囊, ascus) 자낭균류의 특징으로, 보통 핵융합과 감수분열을 거쳐 형성되는 일정한 숫자의 자낭포자(보통 8개)를 포함하는 주머니 모양의 세포.

자낭각(子囊殼, perithecium) 정단부에 유구를 가지고 있으며, 자체의 벽을 가지고 있는 자낭과.

자낭균강(子囊菌綱, ascomycetes) 유성생식 포자로서, 일정한 숫자의 자낭포자를 자낭 내에 형성하는 균류.

자낭포자(子囊胞子, ascospore) 감수분열에 의하여 자낭 내에 형성되는 자낭균류의 유성생식 포자.

자실체(子實體, fruting body, carpophore) 버섯의 갓, 주름살, 관공, 대 등 전체를 말한다.

제1균사형(第1菌絲型, monomitic) 일반균사 한 종류만으로 구성된 균사.

제2균사형(第2菌絲型, dimitic) 일반균사와 골격균사 또는 일반균사와 결합균사 2종류의 균사로 구성된 것.

제3균사형(第3菌絲型, trimitic) 일반균사, 결합균사 그리고 골격균사로 구성되어 있는 것.

자실층(子實層, hymenium) 포자를 형성하는 담자기나 자낭이 있는 부위(주름살, 관공, 침상 돌기).

자실층사(子實層絲, trama) 버섯의 자실층 내부의 균사층.

자웅이주(雌雄異株, heterothallic) 유성생식을 위해서는 서로 다른 엽상체 위에 존재하는 화합성이 있는 배우자가 필요한 것.

자좌(子座, stroma) 자낭각이 배열된 곤봉 모양, 또는 반구형의 머리와 이를 지탱하는 대를 일컬음.

작은자루(小柄, phialide) 분생포자 형성 세포의 한 형태로, 출아성 분생포자를 생산한다.

접합균강(接合菌綱, zygomycetes) 다핵균사를 가지고 있으며, 세포벽은 키틴 성분을 함유하고 있고, 무성생식은 포자낭 또는 분생포자를 형성하며, 유성생식은 유산한 형태의 배우자간 접합에 의하여 접합포자를 생산하는 균류.

접합포자(接合胞子, zygospore) 접합균강에서 2개의 배우자간 융합에 의하여 형성된 휴면포자.

정기준(定基準, holotype) 최초 저자에 의해서 새로운 종의 학명을 위하여 사용하였던 표본으로서 저자에 의해서 지정된 표본.

정단(頂端, apical) 끝에, 끝쪽으로.

정단 고리(頂端―, apical ring) 자낭의 정단부에 존재하는 작은 점.

조개형(conchate) 버섯의 형태가 대합조개나 굴 모양인 것.

조직(粗織, 肉質, flesh, context) 버섯 자실체의 각피 아래의 조직을 구성하고 있는 불임성 세포의 집합체로서 육안적 개념의 용어임(균사조직, trama 참조).

종형(鐘形, campanulate) 갓이 종 모양으로 된 것.

주름살(gill, lamella) 주름버섯류에서 갓의 하면에 포자가 형성되는 물고기 아가미 모양의 판.

중심형(中心形, centric) 대가 갓의 정중앙에 위치하는 것.

중앙볼록(혹상 돌기, umbo) 갓의 중앙 부위에 있는 혹 모양의 돌기.

중앙볼록형(혹상 돌기형, umbonate) 갓의 중앙 부위에 혹 모양의 돌기가 있는 것.

중앙오목형(concave) 갓의 중앙 부위가 함몰되거나 오목하게 되어 있는 상태. 접시 모양의 것[반의어 : 반반구형(convex)].

배꼽홈(umbilicus) 갓의 중앙 부위에 있는 배꼽 모양의 홈.

배꼽홈형(umbilicate) 갓의 중앙 부위에 배꼽 모양의 홈이 있는 것.

체인상(체인형, 連鎖狀, catenate) 균사는 짧고 상당히 넓은 세포가 연결되어 있으며, 격막이 있는 부위가 잘록하게 수축되어 있어 마치 체인(chain) 모양인 것.

총생(叢生, caespitose, cespitose) 자실체의 대 기부가 근접하여 매우 치밀하고 수북하게 발생하는 것.

출아세포(出芽細胞, blast cell) 무성생식 세포의 일종으로 효모류에서 발견되는데, 출아법에 의하여 세포가 증식되는 것.

측간맥(側肝脈, 融合, 吻合, 脈管連絡, anastomoses) 맥관연락을 참조.

측형(側形, lateral) 갓의 가장자리에 대가 위치하고 있는 것.

타원형(楕圓形, elliptic) 갓이나 포자의 모양이 길쭉하게 둥근 상태.

탁실균사(托室菌絲, capillitium) 포자낭 내에 있는 사상형 관공 또는 균사(말불버섯류).

턱받이(annulus, ring) 대와 갓이 성장하면 내피막의 일부가 대에 남아 막질의 반지 모양을 이루는 것. [annulate : 턱받이를 가진 또는 턱받이가 있는]

톱니형(serrate) 주름살 끝이 톱니 모양으로 되어 있는 것(잣버섯, 표고).

파상형(波狀形, undulate) 갓의 끝이나 주름살, 자실체가 불규칙한 파도 모양으로 형성된 것.

편도형(아몬드형, amygdaliform) 복숭아씨형 참조.

편심형(偏心形, excentrix) 대가 갓의 중앙 부위에서 약간 벗어난 위치에 있는 것.

폐포형(肺胞形, alveolate) 버섯류 자실체의 갓이나 대의 표면에 곰보 자국 모양의 홈이 파여 있는 상태.

포자(胞子, spore) 균류에서 종자의 역할을 하는 작은 번식 단위.

포자낭(胞子囊, sproangium) 주머니와 같은 구조로, 내부 원형질 성분 전부가 다수의 포자로 전환된다.

포자꼬리(pedicel) 포자의 기부에 형성된 가늘고 긴 대로서 말불버섯류에서 흔히 볼 수 있다.

포자배꼽(胞子臍, apiculus) 포자가 담자뿔에 부착되었던 부위로 포자의 기부에 유두상으로 돌출된 부위.

품종(品種, forma) 분류학적으로 종(species) 하위 계급의 분류 단위. 변종(variety) 하위의 계급으로서 유전적 변이보다는 환경 영향에 의한 변이로 추정되는 품종.

혹상 돌기(중앙볼록, 각정, umbo) 중앙볼록 참조.

후막포자(厚膜胞子, chlamydospore) 휴면포자로서의 기능을 하는, 두꺼운 벽을 가진 무성포자. [Lentinellus cochleatus와 Nyctalis의 포자]

휴면포자(休眠胞子, resting spore) 장기간의 휴면 기간을 거쳐 발아하는 두꺼운 벽을 가진 포자.

해면질(海綿質, corky) 조직이 코르크 모양으로 되어 있는 것.

부록 국명 찾아보기

가는대남방그물버섯 • 20
가는유충포식동충하초 • 22
가랑잎꽃애기버섯 • 24
갈변흰무당버섯 • 26
갈색고리갓버섯 • 28
갈색꽃구름버섯 • 30
검은띠말똥버섯 • 32
고깔갈색먹물버섯(고깔먹물버섯) • 34
고동색광대버섯(고동색우산버섯) • 36
과립여우갓버섯 • 38
구름송편버섯(구름버섯) • 40
균핵꼬리버섯 • 42
기와버섯 • 44
긴골광대버섯아재비 • 46
긴꼬리버섯 • 48
긴대밤그물버섯 • 50
긴뿌리포식동충하초 • 52
꽃버섯 • 54
꽃송이버섯 • 56
꾀꼬리버섯 • 58
끝검은뱀버섯 • 60
나방꽃동충하초 • 62
냉이무당버섯(개칭) • 64
넓은큰솔버섯(넓은주름긴뿌리버섯) • 66
노란각시버섯 • 68

노란개암버섯 • 70
노란길민그물버섯 • 72
노란난버섯 • 74
노란달걀버섯 • 76
노란대주름버섯 • 78
노란젖버섯 • 80
노란턱돌버섯 • 82
노루귀버섯 • 84
노린재포식동충하초 • 86
달걀버섯 • 88
당귀땅콩버섯(개칭) • 90
대공그물버섯(신칭, 이명: 산그물버섯) • 92
댕구알버섯 • 94
등색가시비녀버섯 • 96
때죽조개껍질버섯 • 98
마귀광대버섯 • 100
말불버섯 • 102
말징버섯 • 104
맑은에주름버섯 • 106
먼지버섯 • 108
목도리방귀버섯 • 110
목이 • 112
밀꽃애기버섯 • 114
배젖버섯 • 116
뱀껍질광대버섯 • 118

불로초(상품명: 영지) • 120
붉은꼭지외대버섯 • 122
비단털깔때기버섯 • 124
비탈광대버섯 • 126
삼색도장버섯 • 128
삿갓땀버섯 • 130
삿갓외대버섯 • 132
색시졸각버섯 • 134
세발버섯 • 136
수원그물버섯 • 138
아까시흰구멍버섯 • 140
애기볏짚버섯 • 142
애우산광대버섯 • 144
오디균핵버섯 • 146
원반버섯 • 148
이끼버섯 • 150
자주국수버섯 • 152
자주방망이버섯아재비 • 154
자주색줄낙엽버섯 • 156
자주졸각버섯 • 158
작은테젖버섯 • 160
적갈색애주름버섯 • 162
점박이광대버섯 • 164
점박이어리알버섯 • 166
젖비단그물버섯 • 168
조개껍질버섯 • 170
족제비눈물버섯 • 172
좀노란밤그물버섯 • 174
좀벌집구멍장이버섯 • 176
주홍여우갓버섯 • 178
진갈색주름버섯 • 180
참낭피버섯 • 182

치마버섯 • 184
콩버섯 • 186
큰낙엽버섯 • 188
큰눈물버섯 • 190
큰주머니광대버섯 • 192
턱받이광대버섯 • 194
털구멍장이버섯 • 196
털귀신그물버섯 • 198
털목이 • 200
털작은입술잔버섯 • 202
톱니겨우살이버섯 • 204
팽나무버섯(팽이) • 206
혹깔때기버섯 • 208
황갈색먹물버섯(노랑먹물버섯) • 210
회색두엄먹물버섯(두엄먹물버섯) • 212
흙무당버섯 • 214
흰가시광대버섯 • 216
흰애주름버섯 • 218

부록 학명 찾아보기

Agaricus moelleri Wasser • 78
Agaricus subrutilescens (Kauffman) Hotson & D. E. Stuntz. • 180
Agrocybe arvalis (Fr.) Singer • 142
Amanita abrupta Peck • 126
Amanita ceciliae (Berk. & Br.) Bas • 164
Amanita farinosa Schwein. • 144
Amanita fulva Fr. • 36
Amanita hemibapha (Berk. and Broome) Sacc. • 88
Amanita javanica (Corner & Bas) T. Oda, C. Tanaka & Tsuda • 76
Amanita longistriata S. Imai • 46
Amanita pantherina (DC.) Krombh. • 100
Amanita spissacea S. Imai • 118
Amanita spreta (Peck) Sacc. • 194
Amanita virgineoides Bas • 216
Amanita volvata (Peck) Lloyd • 192
Astraeus hygrometricus (Pers.) Morgan • 108
Auricularia auricula-judae (Bull.) Quél. • 112
Auricularia nigricans (Sw.) Birkebak, Looney & Sánchez-García • 200
Auricularia polytricha (Mont.) Sacc. • 200
Austroboletus gracilis (Peck) Wolfe • 20
Boletellus elatus Nagas. • 50

Boletellus obscurecoccineus (Höhn.) Singer • 174
Boletus auripes Peck • 138
Boletus subtomentosus L. • 92
Calvatia craniiformis (Schwein.) Fr. • 104
Calvatia nipponica Kawam. ex Kasuya & Katum. • 94
Cantharellus cibarius Fr. • 58
Ciboria shiraiana (Henn.) Whetzel • 146
Clavaria purpurea (Fr.) Donk • 152
Clitocybe alboinfundibuliformis Seok, Yang S. Kim, K. M. Park, W. G. Kim, K. H. Yoo & I. C. Park • 124
Clitocybe gibba (Pers.) P. Kumm. • 208
Coltricia cinnamomea (Jacq.) Murrill • 204
Coprinellus disseminatus (Pers.) J. E. Lange • 34
Coprinellus radians (Desm.) Vilgalis, Hopple & Jacq. Johnson • 210
Coprinopsis atramentaria (Bull.) Redhead, Vilgalys & Moncalvo • 212
Coprinus atramentarius (Bull.) Fr. • 212
Coprinus disseminatus (Fr.) S.F. Gray • 34
Coprinus radians (Desm.: Fr.) Fr. • 210
Crepidotus badiofloccosus S. Imai • 84
Cyptotrama asprata (Berk.) Redhead &

Ginns • 96

Cystoderma amianthinum (Scop.) Fayod • 182

Daedaleopsis tricolor (Bull.) Bondartsev & Singer • 128

Daldinia concentrica (Bolton) Ces. & De Not. • 186

Descolea flavoannulata (Lj. N. Vassiljeva) E. Horak • 82

Discina ancilis (Pers.) Sacc. • 148

Entoloma quadratum (Berk. & M. A. Curtis) E. Horak • 122

Entoloma rhodopolium (Fr.) P. Kumm. • 132

Entonaema splendens (Berk. & Curt.) Lloyd • 90

Flammulina velutipes (Curtis) Singer • 206

Ganoderma lucidum (Curtis) P. Karst. • 120

Geastrum triplex Jungh. • 110

Glaziella splendens (Berk. & M. A. Curtis) Berk. • 90

Gymnopus confluens (Pers.) Antonín, Hilling & Noordel. • 114

Gymnopus peronatus (Bolton) Gray • 24

Hygrocybe conica (Scop.) P. Kumm. • 54

Hymenopellis radicata (Relhan) R. H. Petersen • 48

Hypholoma fasciculare (Fr.) P. Kumm. • 70

Inocybe asterospora Quél. • 130

Isaria japonica Yasuda • 62

Laccaria amethystina Cooke • 158

Laccaria vinaceoavellanea Hongo • 134

Lacrymaria lacrymabunda (Bull.) Pat. • 190

Lactarius chrysorrheus Fr. • 80

Lactarius circellatus Fr. f. *distantifolius* Hongo • 160

Lactarius circellatus Fr. • 160

Lactarius volemus (Fr.) Fr. • 116

Lenzites betulina (L.) Fr. • 170

Lenzites styracina (Henn. & Shirai) Lloyd • 98

Lepiota cristata (Bolton) P. Kumm. • 28

Lepista sordida (Fr.) Singer • 154

Leucoagaricus americanus (Peck.) Vellinga • 38

Leucoagaricus rubrotinctus (Peck) Sing. • 178

Leucocoprinus birnbaumii (Corda) Singer • 68

Lycoperdon perlatum Pers. • 102

Marasmius maximus Hongo • 188

Marasmius purpureostriatus Hongo • 156

Megacollybia platyphylla (Pers.) Kotl. & Pouzar • 66

Microstoma floccosum (Schwein.) Raitv • 202

Mutinus bambusinus (Zoll.) E. Fisch. • 60

Mycena alphitophora (Berk.) Sacc. • 218

Mycena haematopus (Pers.) P. Kumm. • 162

Mycena osmundicola J.E. Lange • 218

Mycena pura (Pers.) P. Kumm. • 106

Ophiocordyceps gracilioides (Kobayasi) G.H. Sung, J.M. Sung, Hywel-Jones & Spatafora • 22

Ophiocordyceps longissima (Kobayasi) G. H. Sung, J. M. Sung, Hywel-Jones & Spatafora • 52

Ophiocordyceps nutans (Pat.) G. H. Sung, J. M. Sung, Hywel-Jones & Spatafora • 86

Panaeolus subbalteatus (Berk. & Broome) Sacc. • 32

Perenniporia fraxinea (Bull.) Ryvarden • 140

Phylloporus bellus (Massee) Corner • 72

Pluteus leoninus (Schaeff.) P. Kumm. • 74

Polyporus arcularius (Batsch) Fr. • 176

Polyporus squamosus (Huds.) Fr. • 196

Psathyrella candolleana (Fr.) Maire • 172

Pseudocolus fusiformis (E. Fisch.) Lloyd • 136

Rickenella fibula (Bull.) Raithelh. • 150

Russula japonica Hongo • 26

Russula mariae Peck • 64

Russula senecis S. Imai • 214

Russula virescens (Schaeff.) Fr. • 44

Schizophyllum commune Fr. • 184

Scleroderma areolatum Ehrenb. • 166

Scleromitrula shiraiana (Henn.) S. Imai • 42

Sparassis crispa (Wulfen) Fr. • 56

Stereum ostrea (Blume & T. Nees) Fr. • 30

Strobilomyces confusus Sing. • 198

Suillus granulatus (L.) Roussel • 168

Trametes versicolor (L.) Lloyd • 40

Xerocomus subtomentosus (L.) Quél. • 92

참고문헌

- 가강현, 박원철, 박현, 여운홍, 윤갑희. 2003. 홍릉수목원의 버섯. 63pp. 임원연구원.
- 가강현, 박원철, 박현. 2009. 홍릉수목원의 보물찾기 버섯 99선. 86pp. 국립산림과학원.
- 고철순, 석순자, 장현유. 2011. 우리 산야의 자연버섯. 440pp. 푸른행복.
- 고평열, 김찬수, 변광옥, 석순자, 신용만. 2009. 제주지역의 야생버섯. 463pp. 국립산림과학원.
- 김양섭, 김완규, 서장선, 석순자, 손창환, 이윤선, 임경수, 정미혜. 2011. 독버섯 도감. 432pp. 푸른행복.
- 김양섭, 석순자, 성재모, 유관희, 차주영. 2002. 강원의 버섯. 355pp. 강원대학교출판부.
- 김양섭, 석순자. 2016. 생활 주변에서 흔히 볼 수 있는 버섯 100가지. 272pp. 가람누리.
- 김양섭, 석순자. 2016. 야생버섯 도감. 544pp. 푸른행복.
- 박완희, 이호득. 2003. 원색 한국약용버섯도감. 757pp. (주)교학사.
- 박완희, 이호득. 2005. 원색도감·한국의 자연 시리즈① 한국의 버섯. 508pp. (주)교학사.
- 석순자, 손창환, 임경수, 정미혜. 2015. 독버섯 쉽게 알아보기. 400pp. 푸른행복
- 석순자, 장현유, 고철순, 박영준. 2013. 야생버섯 백과사전. 528pp. 푸른행복.
- 석순자, 장현유, 박영준. 2015. 자연버섯 도감. 528pp. 푸른행복.
- 양양군농업기술센터. 2002~2010년. 송이생태시험지운영결과. 농업기술센터.
- 조덕현. 2003. 원색 한국의 버섯. 436pp. 아카데미서적.